零基础
学数码
摄影用光

（摄影客优选版）

摄影客——主编

陈丹丹——著

人民邮电出版社

北京

图书在版编目（CIP）数据

零基础学数码摄影用光：摄影客优选版 / 摄影客主编；陈丹丹著. -- 北京：人民邮电出版社，2020.5
ISBN 978-7-115-52936-7

Ⅰ．①零… Ⅱ．①摄… ②陈… Ⅲ．①数字照相机—摄影光学 Ⅳ．①TB811

中国版本图书馆CIP数据核字(2019)第291150号

内 容 提 要

这是一本针对性较强、专门介绍摄影用光技巧的图书，书中较为详细地介绍了日常生活摄影中常会接触到的用光技巧，可以让零基础的初学者尽快了解摄影中与用光有关的知识，从而在不同的光线环境中，拍摄出精美的作品。

本书采用由浅入深、从学习到实践的讲解方法，书中先介绍摄影的曝光、测光，这样可以让初学者在拿起相机的时候，了解相机最基本的工作原理，了解并掌握测光，而掌握了测光也就把握住了相机与光线之间的钥匙，这样可以让照片曝光更准确；然后介绍光线的基本知识，阐述自然光、人造光的特点，让初学者对光线知识有初步的了解，从而让初学者可以在拍摄时判断现场环境中光线的方向、性质等，并根据自己想要拍摄的效果，选择合适的拍摄方法；接下来，针对不同拍摄题材进行细致的介绍，初学者在实际拍摄时可以在书中找到相对应的题材，并借鉴书中适合的用光技巧，从而让拍摄出来的照片更加美丽精彩；本书的最后加入了后期处理环节，简单介绍了几种常见的曝光问题的后期处理办法，初学者可以通过后期软件将存在曝光问题的照片纠正过来。

本书适合摄影初学者、摄影爱好者阅读参考。

◆ 主　　编　摄影客
　　著　　　　陈丹丹
　　责任编辑　杨　婧
　　责任印制　周昇亮

◆ 人民邮电出版社出版发行　北京市丰台区成寿寺路 11 号
　　邮编　100164　　电子邮件　315@ptpress.com.cn
　　网址　http://www.ptpress.com.cn
　　天津图文方嘉印刷有限公司印刷

◆ 开本：880×1230　1/32
　　印张：5.875　　　　　　　　　　2020 年 5 月第 1 版
　　字数：301 千字　　　　　　　　2020 年 5 月天津第 1 次印刷

定价：49.00 元

读者服务热线：(010)81055296　印装质量热线：(010)81055316
反盗版热线：(010)81055315
广告经营许可证：京东工商广登字 20170147 号

前　言

　　摄影自产生以来，就与光线有着分不开的联系，没有光线，摄影几乎不可能完成，也就是说摄影是依附于光线的，光线存在，摄影才可以顺利进行。在日常拍摄中，我们发现，同一场景，变换现场中的光线，照片最终的视觉效果也会产生很大的变化。这也就是说，光线对画面效果有着直接的影响。为此，观察、分析现场光线，并针对现场光线采用适合的拍摄方法，也成为摄影中必不可少的重要环节。

　　然而，很多摄影初学者在刚刚接触摄影的时候，并没有意识到摄影与光线的紧密关系，在拍摄时很容易忽略环境中光线的作用，甚至有时候只是简单地按下快门，对现场光线不管不顾，导致拍摄出来的照片效果远没有看到的景色好看。当然，也会有误打误撞的时候，拍摄出来的画面效果还不错，但是被问到照片是怎么拍摄的，便说不出所以然了；再换个场景的时候，就又摸不着头脑，怎么也达不到自己想要的效果了。

　　其实，伴随着摄影的发展，前人也总结出很多应对现场光线的实用技巧。借助这些用光技巧，即便是刚刚接触摄影的影友，也可以很好地应对那些有着复杂光线的环境，比如在强烈光线下拍摄人像时，借助闪光灯或者反光板为人像补光；冬季拍摄茫茫白雪的时候，适当增加曝光补偿，可以让雪景更洁白；使用长时间曝光拍摄夜晚灯光亮起后城市中的景色等。

　　本书从曝光、测光、光线本身的特点、自然光线、人造光线、不同题材中的用光技巧、后期调整曝光的方法等角度，讲述摄影中前人总结出来的用光经验。书中首先介绍基础用光技巧，再在不同题材中展开技法，阐述不同场景中的具体用光技巧。摄影初学者可以有针对性地找到相关内容，模仿书中的用光方法，更准确地应对拍摄环境中的光线，从而拍摄出更唯美的照片。初学者在布置人造灯光的时候，也可以借鉴这些用光技巧，寻找到最佳的布光方式。

　　本书能在既定时间顺利完稿，首先感谢子文对本书文字的编写，感谢摄影师（排名不分先后）陈丹丹、董帅、吴法磊、付文瀚、尤龙、子文为本书提供精美的作品。更感谢作为读者的你，从浩瀚的书海中邂逅我们编写的这一本书。希望书中每一个感动我的文字和图片，同样也能打动你。

　　我们在编写书稿的过程中，对技术的把握力求严谨、准确，文字描述力求通畅、易读，但仍难免存在疏漏，欢迎影友指正。
邮箱：770627@126.com。

目　　录

■ 第10章
摄影用光之动物题材实拍训练　　127

■ 第11章
摄影用光之城市建筑实拍训练　　135

摄影用光之曝光

　　了解摄影之中如何用光时，我们首先从基础知识开始，从什么是曝光开始，一点点深入，让摄影学习有条理起来。

　　本章内容包含摄影中影响曝光的要素、控制曝光的方法、常见曝光技巧等方面，让读者由浅入深，了解摄影用光的基础知识。

第1章

1.1 / 什么是曝光

　　曝光，简单来说，就是指被拍摄场景中的景物在光线作用下，通过相机镜头投射到感光原件上，使之发生化学变化，产生显影的过程。

　　也就是说，曝光是一个过程，是拍摄的场景通过相机成像显影的过程，以实际拍摄中的环节来说，就是我们按下快门，相机记录下景物的那一刹那。

　　需要注意的是，我们这里所说的曝光，只是按下快门，相机显影成像的瞬间，并没有涉及照片显影之后究竟是什么样的效果，也就是说，不论照片拍摄得怎么样，外界景物通过相机感光元件，最后显影成像的过程都称之为曝光。

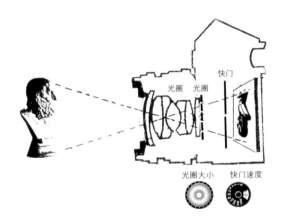

曝光示意图。从此示意图我们可以清楚了解，曝光就是相机将景物拍摄下来的过程

秋季拍摄红叶，将场景中红色树叶拍摄下来的瞬间就是曝光

1.2 / 影响曝光的要素有哪些

简单来说曝光是成像的过程。我们在实际拍摄中可以通过调节影响曝光的三要素控制曝光，这三要素分别是光圈、快门速度与感光度。

光圈

光圈是镜头里面的一个装置，通过控制光圈叶片的张开和收缩空洞的大小，来控制镜头的进光量。光圈的大小，决定着通过镜头进入感光元件的光线的多少，其单位用f/值表示，比如f/2.2、f/5.6等。

值得注意的是，f/数值越小，代表光圈越大，在同一单位时间内的进光量便越多，而且上一级的进光量刚好是下一级的两倍，例如光圈从f/8调整到f/5.6，进光量便多一倍，也就是光圈开大了一级。

镜头内光圈装置

观察示意图，f/数值越小，光圈形成的空洞越大，其他条件一定的情况下，进光量就会越多

为了更直接地理解光圈与曝光的关系，我们做一组对比。

选择同一场景，将快门速度设置为1/640s、感光度设置为ISO100，并保持相机参数不变，分别拍摄一组不同大小光圈的组图，对比照片亮度，会发现，其他参数一定的情况下，光圈越大，照片越亮；反之，照片越暗。

50mm　f/10　1/640s　ISO 100
50mm　f/9　1/640s　ISO 100
50mm　f/6.3　1/640s　ISO 100

50mm　f/5.0　1/640s　ISO 100
50mm　f/4　1/640s　ISO 100
50mm　f/3.2　1/640s　ISO 100

快门速度

所谓快门速度，就是快门打开与关闭之间的时间，常用"秒（s）"作单位。

快门，是指数码单反相机镜头前阻挡光线的机械开合装置，它的作用是控制光线投射在感光元件上的时间长短，进而影响最终的曝光结果。

快门速度与曝光的关系，也可以简单归结为，同一场景拍摄，光源不变，感光度与光圈固定不变的情况下，快门速度越快，感光元件受光越少，照片越暗；反之，快门速度越慢，感光元件受光越多，照片越亮。

以自来水作比喻，将光线比作水流，快门速度便是水龙头开关，开启的时间越久，水流量越大，反之水流量则越少。

相机内快门部件

为了更直接地理解快门速度与曝光的关系，我们做一组对比。

选择光源较稳定的场景，将光圈与感光度设置为恒定不变，观察快门速度对曝光的影响。

这组对比图中，同一场景，光圈设置为f/4.5、感光度设置为ISO100，并且这两个参数不变，对比不同快门速度的照片亮度情况，可以看出在其他条件恒定不变的情况下，快门速度越慢，照片曝光越充足，照片越亮；反之，则越暗。

50mm　　f/4.5　　1/800s　　ISO 100

50mm　　f/4.5　　1/500s　　ISO 100

50mm　　f/4.5　　1/320s　　ISO 100

50mm　　f/4.5　　1/200s　　ISO 100

50mm　　f/4.5　　1/100s　　ISO 100

50mm　　f/4.5　　1/80s　　ISO 100

感光度

在摄影之中，简单来说，感光度是指相机中感光元件（CCD或CMOS）对光线感应的灵敏程度，感光度越高，感光元件对光线感应越灵敏。在摄影中，感光度可以用ISO表示，表示感光度多少的时候，可以是"ISO+数值"，比如ISO100就是说感光度100。

感光度与曝光的关系，简单来说，便是同一场景中，光源不变的情况下，光圈与快门速度一定时，感光度越高，感光元件对光源感应越是灵敏，照片则会越亮；反之，感光度越低，照片则会越暗。

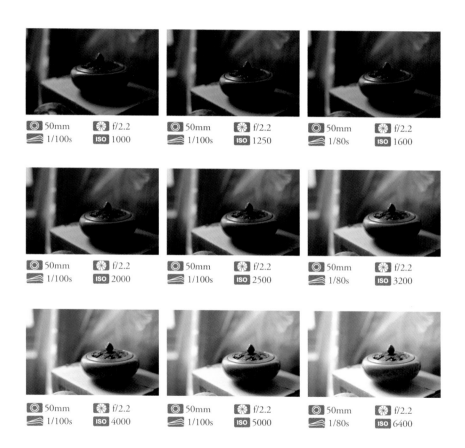

为了更直接地理解感光度与曝光的关系，我们做一组对比。

选择同一场景，将快门速度设置为1/100s、光圈设置为f/2.2，并保持相机参数不变，分别拍摄一组不同感光度的照片，对比照片亮度，会发现，其他参数一定的情况下，感光度值越大，照片越亮；反之，照片越暗。

1.3 / 光圈与景深

　　景深在摄影中具有非常重要的地位。何为景深，简单来说，就是指当焦距对准某一点时，该对焦点前后仍清晰的范围，呈现在一幅照片时就是指整幅画面中清晰的部分。

　　当镜头焦距一定、相机机身相同、拍摄场景相同时，光圈大小直接影响着景深深度，也就是说，不同光圈下，照片的清晰范围也会有很大的不同，因此，在实际拍摄中，我们可以通过调节光圈大小，从而控制照片清晰范围。

　　至于光圈与景深具体是什么关系，我们通过下面一组对比图来了解。

景深表现在画面中，便是照片中清晰的区域

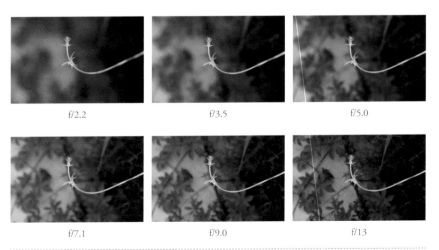

| f/2.2 | f/3.5 | f/5.0 |
| f/7.1 | f/9.0 | f/13 |

光圈对景深的影响是其他条件一定的情况下，光圈越大，背景虚化程度越明显；光圈越小，背景越清晰

1.4 / 快门速度与画面清晰度

　　快门速度除了会影响照片的曝光之外，还对照片的清晰度有影响。我们可以从下面两个方面来了解快门速度与画面清晰度的关系。

　　1.手持相机，使用较慢的快门速度拍摄时，由于手的轻微抖动，导致画面模糊。在出现这一情况时，我们可以借助三脚架等辅助器材，稳定相机，从而使照片清晰。

　　2.借助三脚架稳定相机，使用较慢的快门速度拍摄高速运动的主体时，运动主体出现模糊现象。通常，我们在拍摄运动的主体时，会使用高速快门，定格主体运动瞬间，比如拍摄浪花拍击礁石，溅起的瞬间，借助高速快门，可以抓拍并定格浪花飞起的瞬间。

　　另外，了解快门速度和画面清晰度之间的关系之后，在实际运用中，我们可以借助这一技巧，使用慢速快门拍摄出如丝如雾的流水效果。

借助高速快门拍摄浪花拍击礁石的场景，溅起的水花被定格在照片中

借助低速快门拍摄海岸边景色，画面中浪花在慢速快门影响下，变成如雾气般朦胧缥缈的效果

1.5 / 感光度与噪点

感光度与画质之间有着密切的联系。

通常，感光度越高，画面中的噪点也就越多，这主要是因为，感光度越高，相机感光元件便会对光线越为敏感，增加感光度，就使得在对影像信号进行增幅时混入了电子噪点。在实际拍摄中，条件允许的情况下，我们尽量选择较低的感光度进行拍摄，以保证画质细腻。

在弱光环境下，感光度越高，画面中出现的噪点越是明显。对于画质要求很高的影友来说，这无疑是一项很让人头疼的问题。

但是，换角度来说，我们在实际拍摄时，借助这一技巧，可以使用高感光度，为照片增加颗粒感，从而为画面整体增加一种独特趣味，同时这也为照片增添了几分粗糙的质感。

拍摄风景照片时，选择较低感光度，照片的画质更加细腻

在室内光线并不是很充足的地方拍摄，增加感光度，可以在保证曝光准确的情况下，增加照片颗粒感

1.6 / 什么是曝光补偿

曝光补偿是一种曝光控制方式，单位用"EV"表示。

曝光补偿，并不是一种所有拍摄模式下都可以调节的曝光控制方式。一般来说，在使用程序自动模式、光圈优先模式以及快门优先模式时，可以通过调节曝光补偿量来控制照片的曝光。然而，在使用手动模式时，曝光补偿无法调节。

实际拍摄时，遇到光线较暗的环境时，若是想要照片更加明亮一些，我们可以增加曝光补偿；反之，减少曝光补偿，照片可以更暗一些。

佳能相机中曝光补偿菜单

尼康相机中曝光补偿菜单

室内拍摄台球的时候，适当增加曝光补偿可以让照片更亮一点，照片整体细节得到更好表现

1.7 / 什么时候使用曝光补偿

通常境况下，我们使用相机测光模式测光拍摄，多少都会出现一些曝光不太满意的照片，这时候我们便需要适当调节曝光补偿来控制曝光了。

1.使用相机的测光模式拍摄，出现曝光不足，或者曝光过度的时候。

我们借助相机测光系统测光拍摄时，若是出现曝光不足或者曝光过度的情况，便可以通过调节曝光补偿来纠正拍摄中出现的曝光偏差。

2.刻意为追求某种过度曝光或者严重曝光不足的特殊效果时，可以根据需要调整曝光补偿。

f/11
1/400s
ISO 200
曝光补偿 +0.3EV

使用相机测光模式拍摄光线差别不大的场景，画面出现曝光不准确的情况，可以适当调整曝光补偿，让照片曝光准确

f/5.6
1/600s
ISO 200
曝光补偿 −0.3EV

在光比较大的场景中拍摄时，相机自动测光容易导致画面曝光不准，这时可以调整曝光补偿，让照片曝光准确

3.曝光中常会用到的"白加黑减"。

所谓"白加",简单来说,就是拍摄场景中遇到大面积白色时,需要增加曝光补偿,这样才可以使画面中的白色更加洁白,不会显得发灰,比如拍摄白色的雪景或者高调作品时;"黑减"恰恰与之相反,我们在遇到拍摄黑色或者暗色占画面位置较大的场景时,需要减少曝光补偿,从而使画面中的黑色更为真实,不会发生泛白的色彩失真,比如拍摄黑色背景的照片、黑色主体的照片等。

在白色背景中拍摄人像时,可以适当增加曝光补偿,从而让照片整体更明亮一些

拍摄黑色镜头的时候,可以适当减少曝光补偿,从而让照片中的镜头曝光更为准确

1.8 Av、Tv 曝光模式下调整曝光补偿

通常，在光圈优先模式（Av 或 A），快门优先模式（Tv 或 T）下进行拍摄时，可以通过调整曝光补偿来控制照片曝光。接下来，我们在相应拍摄模式下，调节曝光补偿，观察曝光三要素的变化，从而确定曝光补偿是如何影响曝光的。

1.光圈优先模式。

在使用光圈优先模式拍摄时，将光圈值与感光度值设置为固定不变，分别拍摄 –1EV、0EV、+1EV 曝光补偿的同一场景照片，观察其参数变化，会发现我们增加或者减少曝光补偿的同时，曝光三要素中的快门速度发生了变化，曝光补偿增加，快门速度变慢，照片也随之变得更亮了。

| ❀ f/4.0 ⟋ 1/500s | ❀ f/4.0 ⟋ 1/250s | ❀ f/4.0 ⟋ 1/125s |
| ISO 100 曝光补偿为：–1EV | ISO 100 曝光补偿为：0EV | ISO 100 曝光补偿为：+1EV |

2.快门优先模式。

在使用快门优先模式拍摄时，将快门速度与感光度值设置为固定不变，我们分别拍摄 –1EV、0EV、+1EV 曝光补偿的同一场景照片，观察其参数变化，会发现我们增加或者减少曝光补偿的同时，曝光三要素中的光圈也发生了变化，曝光补偿增加，光圈增加，照片也随之变亮了许多。

| ❀ f/7.1 ⟋ 1/320s | ❀ f/5.0 ⟋ 1/320s | ❀ f/3.5 ⟋ 1/320s |
| ISO 100 曝光补偿为：–1EV | ISO 100 曝光补偿为：0EV | ISO 100 曝光补偿为：+1EV |

从以上对比图可以看出，增加曝光补偿，相当于我们要获得更亮或者更暗效果的照片，为了达到这一效果，相机会随之变化曝光参数，这也就是说，曝光补偿并不是新的影响曝光的要素，它只不过是我们给相机的一个更亮或者更暗的指令，相机再通过这一指令，调整影响曝光的参数。

1.9 了解手动曝光拍摄模式下如何设置曝光参数

使用手动拍摄模式的时候，我们可以对光圈、快门速度、感光度三者进行调节。在了解三者关系之后，我们可以在手动拍摄模式中，细细体验三者关系。

在实际操作中，我们可以先将其中一个因素固定，讨论为使曝光准确，其他两个要素之间的关系。

1.调节并保持感光度值不变，为使照片曝光准确，观察并对比光圈与快门速度之间的关系。

将感光度设置为ISO800，我们会发现，同一场景中，光源不变，感光度一定时，为使曝光准确，光圈与快门速度成反比关系，也就是说，光圈增大时，为确保照片曝光准确，快门速度要降低；反之，光圈缩小时，为使照片曝光准确，快门速度便要增加。

① f/9.0 ≋ 1/160s　① f/6.3 ≋ 1/250s　① f/4.5 ≋ 1/640s　① f/2.8 ≋ 1/1600s

2.调节并保持快门速度不变，保证准确曝光，我们观察并对比光圈与感光度之间的关系。

将快门速度设置为1/2000s时，对比可以发现，同一场景中，光源不变，快门速度一定时，为获得准确曝光，光圈与感光度成反比关系，也就是说，其他条件不变的情况下，光圈缩小，为确保准确曝光，感光度就要提高。

① f/2.8 ISO 800　① f/4.5 ISO 1600　① f/6.3 ISO 3200　① f/11 ISO 10000

3.调节并保持光圈值不变，保证照片曝光准确，观察并对比快门速度与感光度之间的关系。

将光圈设置为f/2.8，可以发现，同一场景中，光源不变，光圈一定时，为获得准确曝光，快门速度与感光度成正比关系，也就是说，其他条件不变的情况下，快门速度提高，为确保准确曝光，便需要提高感光度；反之，快门速度越慢，越需要降低感光度值。

≋ 1/500s ISO 200　≋ 1/1000s ISO 400　≋ 1/2000s ISO 800　≋ 1/5000s ISO 2000

1.10 / 什么是曝光中的"宁缺勿爆"

对于初学者来说，通过调节曝光三要素，得到曝光准确的照片，真实还原人眼所看到的场景，是拍摄的第一步。也就是说，曝光的基本点是，确保场景中细节得到完好呈现。

在实际拍摄中，当照片出现曝光过度的情况之后，我们再对照片进行处理，会发现亮部区域细节很难挽回，这就造成画面亮部细节丢失。

因此，在曝光中，常会提到"宁缺勿爆"，也就是在光比较大的环境，或者不好调整曝光的场景中，我们尽量让照片稍微曝光不足一些，这样可以较为完整地保留照片中亮部与暗部细节。对于这样的照片，我们经过后期处理可以很好地调整照片曝光不足问题，同时也可以让照片亮部区域细节不会丢失。

在光比较大的环境拍摄时，可以适当减少曝光补偿，保证画面中亮部细节不会丢失，然后通过后期调节，将暗部细节进行恢复，从而得到亮部和暗部都清晰的照片

1.11 / 如何读懂直方图

　　直方图又称柱状图，在摄影中，直方图的横坐标表示亮度分布，左边暗，右边亮，纵坐标表示像素分布。这样便可以揭示照片中每一亮度级别下像素出现的数量，根据这些数值所绘制出的图像形态，就可以初步判断出照片的曝光情况。

　　现在大多数数码单反相机都具有直方图显示功能，我们在拍摄时可以通过观察直方图的坐标形状和其分布，来掌握所拍摄照片的曝光准确度；在后期过程之中，直方图还可以作为一种修饰照片的工具，帮助我们更好地修片。

　　另外，直方图除了可以表现一幅照片明暗关系外，还可以分别展现一张照片中红、绿、蓝三色的直方图关系。

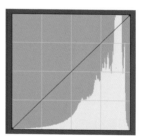

观察整幅照片，会发现照片整体亮部区域较多，呈现在直方图中，便是右侧亮部区域像素明显较多，左侧暗部区域像素很少

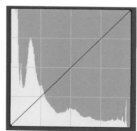

观察整幅照片，会发现照片较暗，且暗部区域较多，呈现在直方图中，便是左侧暗部区域像素明显较多，右侧亮部区域像素则会很少

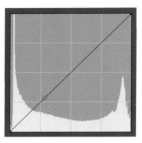

观察整幅照片，会发现照片整体明暗差别不明显，且分布均匀，在直方图中表现，左侧暗部区域与右侧亮部区域像素量差别不是很大

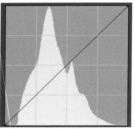

观察整幅照片，会发现照片整体明暗差别不大，但是，照片亮部较少，在直方图中，表现为右侧的亮部区域便会很少

借助直方图拍摄，我们可以很好地了解照片中亮部与暗部区域情况，从而更轻松地获得曝光准确的照片效果

1.12 / 复杂光线环境下使用包围曝光拍摄

　　包围曝光指的是能够以设置的曝光值为基准、连续拍摄3张等曝光差的照片。从而在时间紧迫或者光源复杂的环境中，可以获得曝光满意的照片。另外，借助这3张不同曝光值的照片，可以通过后期合成一幅既保留暗部细节又保留高光细节的照片，我们借助后期HDR功能，可以将这3张照片合成，从而得到一张亮部与暗部细节都保留的照片。

　　目前，市面上的数码单反相机基本都具有包围曝光功能。在进行分级曝光拍摄时，可以根据拍摄需要设置1/3级、2/3级、1级、2级等多种曝光级差进行包围曝光。

　　需要注意的是，在使用自动包围曝光拍摄时，要尽量保证相机的稳定，避免因相机晃动造成的曝光场景的改变。

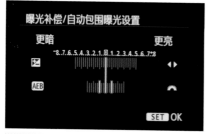

佳能相机中包围曝光设置菜单

尼康相机中包围曝光设置菜单

-1EV

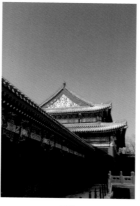

0EV

+1EV

　　观察包围曝光设置菜单，我们会发现，包围曝光是在曝光补偿基础上，在原来曝光补偿标记点基础上，左右两边等差距离各添加一个小标记点。实际拍摄中，开启包围曝光功能时，照片会以这三个标记点作为曝光参考，拍摄3张等差曝光补偿的照片。

　　在光线较为复杂的情况下，借助包围曝光，我们可以快速拍摄出一组亮度呈现递变关系的照片，从而节省拍摄时间，也极大程度避免无法确定准确曝光的问题。

1.13 / 有趣的多重曝光

多重曝光，源于胶片时代，简单来说就是在一张底片上曝光多次，通常，将曝光两次的称为二次曝光。

现在大多数数码单反相机都保留了胶片机的这一功能，我们使用多重曝光可以增加照片趣味性，创作空间也得到拓展。不过，在使用多重曝光拍摄时，一方面需要有很好的创意，另一方面还需要控制好照片曝光量以及取景，不然多次曝光下来照片要么曝光过度，要么杂乱无章，那照片就没有价值了。

佳能相机中的多重曝光菜单

尼康相机中的多重曝光菜单

场景一

场景二

拍摄多重曝光时，开启相机多重曝光功能，分别对两个场景进行曝光，相机会自动将两张照片叠加，形成有趣的多重曝光效果

摄影用光之测光

我们使用数码单反相机进行拍摄时，为了让照片曝光准确，需要对现场环境的光照情况进行预测。目前，市面上的数码单反相机都会提供多种不同的测光模式，我们可以根据需要选择不同的测光模式轻松应对不同拍摄场景。

本章，我们将为大家介绍相机中与测光有关的基础知识。

第2章

2.1 / 什么是测光

所谓测光，简单来说，就是对拍摄场景中的光线状况进行侦测，为后面的曝光作准备。通过测光过程，我们可以更为快捷、准确地确定曝光参数，从而获得曝光准确的照片。

目前数码单反相机自身都配备了较为强大的测光部件，对于初学者来说，熟悉相机测光功能，可以轻松应对后面的拍摄。

在光线较为复杂的环境中拍摄时，我们可以在相机测光模式给出的参考曝光参数基础上，依据曝光三要素之间的关系，对曝光参数进行适当调节，从而让照片曝光更符合我们的要求

2.2 / 常见的测光模式及设置方法

　　市面上的数码单反相机，都有几种不同的测光模式，不同厂家对这些测光模式的命名会有所不同，下面我们按佳能和尼康两个相机品牌单独介绍。

佳能相机中常见测光模式与设置方法

　　佳能相机中常见的测光模式有评价测光、中央重点平均测光、点测光、局部测光四种模式。拍摄者可以根据需要选择适合的测光模式进行拍摄。

评价测光模式

局部测光模式

点测光模式

中央重点平均测光模式

　　佳能相机中，测光模式常见设置方法如下。

　　有机顶设置按钮的佳能相机，我们可以按下机身顶部测光模式设置按钮，转动主拨盘，可以完成对测光模式的设置

在液晶显示器显示拍摄参数的情况下，按下机身【Q】键，然后设置测光模式

尼康相机中常见测光模式与设置方法

尼康相机中常见的测光模式有矩阵测光、中央重点测光、点测光三种。拍摄者可以根据需要选择适合的测光模式进行拍摄。

点测光模式

矩阵测光模式

中央重点测光模式

尼康相机中，测光模式常见设置方法如下。

对于机身有测光模式转盘的尼康相机，我们可以直接拨动测光模式拨杆，进行设置

对于机身上有测光模式按钮的机型，我们可以按住机身测光模式按钮，转动主指令拨盘，可以对测光模式进行选择

2.3 / 什么是点测光

所谓点测光，是指对取景范围很小的区域，具体操作中，点测光模式对画面中央占画面的5%左右的地方进行测光。其特点是准确性强，不受测光区域以外的物体亮度的影响，拍摄者不要错以为点测光就是对场景中的点进行测光。

在目前常见的几种测光模式中，点测光可以说是最为精确的测光模式，它也是诸多专业摄影师经常使用的测光模式。

需要注意的是，点测光的精度较高，如果测光的位置选择有误，则会让整张照片的曝光不足或者过曝。这也意味着点测光模式是诸多测光模式中最难把握的测光方式。因此在实际拍摄时，如果使用点测光，拍摄者需要精准选择好测光点。

点测光常在以下几种情况使用：

1. 在拍摄微距花卉、静物时，需要对被摄主体进行准确曝光时使用；

2. 在拍摄背景亮度与被摄主体亮度光比和反差过大时经常被使用；

3. 在拍摄人像、风光时，为了突出某一局部细节，表现其层次质感时经常被使用；

4. 主体在画面位置较小，且要对其准确曝光时，可以使用点测光。

佳能相机中点测光图标

尼康相机中点测光图标

点测光模式对取景器中占5%左右区域进行测光

在光比较大的场景中，拍摄有光线直接照射到的花卉时，可以使用点测光，对花卉主体进行测光，花卉主体曝光准确，且细节表现清晰，而背景由于曝光不足而变暗，可以简化杂乱的背景，让画面更简洁

2.4 / 什么是中央重点平均测光

中央重点平均测光，这是佳能的叫法，尼康则称其为中央重点测光。该种测光模式偏重于取景器中央，然后平均到整个场景。

这就意味着，在使用中央重点平均测光模式时，最好让被拍摄主体处于画面中央的位置，不过，也不要被测光模式所制约。另外，在出现曝光不准的情况时，可以通过调节曝光补偿来处理。

值得注意的是，这种测光模式存在着不够精确和容易受到周围环境亮度干扰的缺点。当被摄主体不在画面中心时，主体容易出现曝光偏差。

佳能相机中央重点平均测光图标

尼康相机中央重点测光图标

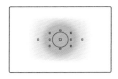

中央重点平均测光模式对取景器中央较大区域进行测光

中央重点平均测光常在以下几种情况使用：

1.适合拍摄以中心构图为主要构图方式的照片；

2.适合拍摄人物居中的人像作品。中央重点测光对大多数人像拍摄十分适用，尤其适合拍摄室内人像，因为室内空间较小，构图的方式基本上是把人物放在画面的中心位置，所以使用中央重点平均测光会较为准确地把握好主体人物的测光。

在室内，拍摄人物位于画面中央的人像照片时，使用中央重点平均测光模式，可以得到主体人物曝光准确的画面效果

2.5 / 什么是评价测光

　　评价测光，这是佳能相机的叫法，尼康相机则称之为矩阵测光，其原理是将取景画面分割为若干个测光区域，每个区域独立测光后，再整体整合加权计算出一个整体的曝光值。

　　使用评价测光模式进行拍摄，可以使画面的整体曝光较为均衡。这种测光模式具有曝光误差小和智能快捷的优点。对于还不太熟悉曝光技巧的初学者，也能够利用这一测光模式拍摄出曝光较为准确的照片。

　　评价测光常在以下几种情况使用：

　　1.非常适合在顶光或者顺光时的拍摄；
　　2.拍摄大场景的人像和风光时使用；
　　3.适合在抓拍生活中的照片时使用。

佳能相机评价测光图标

尼康相机矩阵测光图标

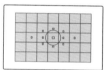
矩阵测光模式对取景器中整体区域进行测光

拍摄大场景风光作品时，使用评价测光，相机会均衡考虑画面整体的光照情况，从而让整个场景都能正常曝光

2.6 / 什么是局部测光

局部测光是一种针对取景画面的局部区域进行测光的测光模式。通过使用局部测光模式，拍摄者可以对整个场景中的某一局部位置的景物进行有针对性的测光拍摄。

另外，局部测光模式的测光区域相对较小，所以这种测光方式十分适合用来拍摄那些在取景画面中所占比例不大的拍摄对象。

局部测光常在以下几种情况使用：

1. 环境光线比较复杂；
2. 特定的条件下需要准确测光；
3. 重点突出某一在取景画面中所占比例不大的景物。

佳能相机局部测光图标

主体处于画面较小位置时，我们可以使用局部测光进行拍摄，从而使画面中主体区域曝光准确，主体细节也可以得到很好表现

室内拍摄人像时，人像处于画面右侧位置，我们可以使用局部测光，对较为明亮的人像主体进行测光，从而使主体细节可以得到更好表现

2.7 / 曝光锁定如何使用

曝光锁定是一种极为便利的曝光组合方式，在复杂混乱的光照环境下，我们可以按照自己的意愿对所需拍摄的主体进行测光，得到正确的被摄主体的曝光数据之后，再重新进行二次构图，从而得到我们想要的曝光结果。比如，在我们点测光模式拍摄灯笼时，对需要正确曝光的灯笼进行点测光，半按下快门后确定曝光和对焦，再同时按下相机上的曝光锁定键，通常是相机上标着"*"或者标着"AEL"的按钮，取景框里会多出一个"*"来，表示当下测得的曝光组合已经锁定，再重新构图拍摄，相机之前设定好的曝光参数不会改变。

需要注意的是，因测光模式的不同，曝光锁定也有所不同，通常在使用评价测光时，自动曝光锁锁定取景器中整体曝光；在使用点测光、局部测光、中央重点平均测光时，自动曝光锁锁定各测光模式所测区域的曝光。

1. 使用点测光，对台灯测光，灯罩细节可以得到很好表现

2. 点测光之后，对画面重新进行构图，测光点会从台灯上移开，转而对画面中央位置进行测光，导致台灯灯罩曝光过度

3. 使用点测光，借助曝光锁定功能，先对灯罩进行测光，并按下【*】曝光锁定按钮，然后移动相机，完成二次构图，相机继续按之前的测光结构进行曝光，台灯的灯罩曝光准确

2.8 / 如何选择最佳测光区域

所谓最佳测光区域，简单来说，就是选择该区域进行测光，以此区域给出的测光参数进行拍摄，拍摄出来的照片中亮部区域与暗部区域细节都可以得到很好表现，不会造成明显的细节丢失。

在实际拍摄中，快速选择好环境中最佳测光区域，可以极大程度帮助我们更加顺利地完成拍摄。

通常，在明暗光比较大的场景中，想要表现场景暗部与亮部区域细节，我们会选择场景中光比亮较为适中的位置。当然，在着重表现主体细节的时候，我们可以对主体进行测光，从而保证主体细节得到更为细致的表现；在表现主体剪影时，可以对背景的亮部区域测光，从而压暗主体，将主体轮廓表现出来。

拍摄剪影作品时，可以选择背景中较亮区域进行测光，建筑由于严重曝光不足形成剪影

拍摄宠物猫时，可以对宠物猫进行测光，确保宠物猫细节得到更好表现，动物毛发质感也得到增强

摄影用光之光线

在实际拍摄中，我们不可能忽略光线谈摄影，不了解光线，不懂得利用光线的话，就如同高楼没有地基，摄影成了无根浮萍，即使下再大的工夫，自身摄影水平也很难有太大提高。

本章，我们将为大家介绍一些跟光线有关的知识。

第**3**章

3.1 / 认识光线

所谓光线，简单来说，就是指生活中我们接触到的光，比如自然光、室内灯光、影棚灯光等。接下来，我们来了解一下摄影中跟光线有关的常用术语。

光源

从能够产生光的源头来说，光线可以分为两种：一种是自然光，另一种便是人造光。

自然光，光源来自于太阳。也就是说，在白天拍摄时，我们在室外借助的主要光源便是自然光。具体拍摄时，我们无法改变光源，只能根据现场环境的光线特点，比如光线的强弱，光线的角度等进行拍摄。

人造光，简单来说，就是光源是由人创造出来的，比如室内的灯光、影棚内的影棚灯光等。借助人造光源拍摄，我们可以对光源进行调节。

在户外拍摄风光作品时，光线不能由我们人为改变，但我们可以根据太阳在一天中的位置变化来改变光的角度、强弱等

在影棚内拍摄人像作品时，我们可以调节影棚灯光的方向、强弱变化来获得不同风格的人像作品

光的软硬

在摄影中，按照光线的塑形程度，我们还会将光分为硬光和柔光。

硬光是指能够使主体产生明显阴影效果的光线，硬光的方向性很强，我们透过物体上的光照情况，可以很容易地分析出光线的投射方向。这种硬光环境在我们平时生活中是很常见的，比如，晴天时太阳直射的光线就是硬光，闪光灯直接照射出的光线也是硬光。这些光线会使主体产生鲜明的明暗反差，可以将主体呈现得更为立体。

柔光的性质与硬光恰恰相反，柔光的方向性不强，给人的感觉像是从四周所有角度照射在物体上，使其没有阴影或者产生的阴影很浅，主体边缘很模糊。在我们生活中，阴天时的散射光就是柔光，我们使用的柔光灯、柔光箱所产生的光线也是柔光。柔光拍摄的画面明暗过渡区域不大，画面会给人以细腻、柔和的感觉。

影棚内拍摄人像作品时，可以借助硬光，让照片中人物面部明暗关系强烈，从而让画面显示出一种力量感

在室内柔和的光照下，儿童肤色表现得很细腻

光的强度

光线强度就是指光线照在物体上之后，物体所呈现出来的亮度，我们也可以称其为照度，它是曝光的重要依据。在生活中，我们会发现，清晨、傍晚、中午的光线强度就有所不同，清晨和傍晚时光线较弱，中午光线较强，这也就是为什么在不同时段拍摄的画面效果大不相同的原因。

另外，在影棚拍摄时，我们可以通过调节影棚灯具光线强弱，从而控制现场曝光。

实际拍摄时，在现场环境中光线强度较高的时候，画面中主体本身更加明亮，我们在拍摄时，应该设置相应曝光参数，确保主体表面的细节、纹路以及形态得到完好呈现。

当光线强度比较弱时，我们可以拍摄画面低沉的效果，营造出特殊的意境，需要注意的是，微弱的光线会影响相机的快门速度，所以在弱光环境下拍摄，我们应该保证相机拍摄时的稳定，以保证画面质量。

大雾天气时候拍摄风光作品时，现场光线较弱，照片整体曝光偏暗，画面给人低调、沉静之感

正午时分拍摄时，光线强度较强，照片整体更显明亮

光的聚散

从光的聚散角度来说，光线可以分为直射光和散射光。

这主要是跟我们拍摄时的天气情况有关，如果天气晴朗，万里无云，此时的光线会沿直线照射在主体上，并且会使主体在画面中留下清晰的阴影区域，而且光线越强，阴影就越明显，我们称之为直射光。当我们想要借助明暗对比表现主体的立体感时，可以通过直射光来呈现。

如果天气是多云、阴霾的时候，此时太阳光经过云彩的遮挡，已经形成漫散光线，没有明确的方向性，不会使主体产生鲜明的阴影效果，主体受光也就比较均匀，此时的光线我们称之为散射光。如果想要展现主体更多的细节特征，可以在散射光环境中拍摄。

直射光示意图　　　　　　　　　　　散射光示意图

晴天拍摄山脉景色时，在直射光照射下，画面中出现明显光影变化，照片中山脉的轮廓更显分明，照片给人强烈的空间立体感

光的方向

从光照射方向角度来说,光线又可以分为顺光、侧光、逆光、顶光、底光等。

通常,我们在直射光环境中,可以很明显地判断出光线方向。具体拍摄时,只要找到主光源,便可以分辨了。在散射光或者软光环境中,光线方向性很弱,在不同角度拍摄出来的光线效果差不多,因此,在这种光线环境中,我们不用过多考虑光线方向。

顺光示意图

顺侧光示意图

侧光示意图

侧逆光示意图

逆光示意图

顶光示意图

3.2 / 可以让景物均匀受光的顺光

当光线的照射方向和相机的拍摄方向一致时，我们称为顺光。顺光光线的覆盖面积很大，主体面向镜头的一面会被照亮，主体的色彩、形态等细节特征可以得到很好的表现。不过，由于顺光不会使物体产生明显的阴影效果，会使画面显得缺乏层次感和立体感，显得有些平淡。

想要避免顺光的平淡，可以在画面的色彩和构图上多下些功夫，比如可以选择色彩艳丽的景物作为画面主体，以主体出色的色彩作为画面的吸引点，使画面吸引人；也可以选择色彩对比较大的画面，利用色彩间的对比提高画面的精彩程度；还可以为画面安排一些前景，利用增加画面空间感的方法，使画面不显平淡。

选择顺光角度拍摄花卉，花卉受光充足，画面亮丽，但缺乏层次

3.3 / 强调画面明暗对比的90度侧光

光线投射角度和拍摄方向的夹角为90度的光线叫做90度侧光。这种光线也叫做正侧光，拍摄出来的照片具有极强的明暗反差，给人立体感很强的感觉。使用时，应该注意下面几点。

1.拍摄特殊题材。90度侧光拍摄的照片具有极强的明暗反差，所以一般情况下我们不会使用。但是，拍摄一些特殊题材时，90度侧光可以获得视觉冲击力极强的照片效果。比如，利用90度侧光拍摄男性肖像，可以突出表现出男性的刚硬。

2.给主体补光。使用90度侧光拍摄时，使用反光板、闪光灯等给主体进行补光，可以适当缩小画面的明暗反差，照片会显得更加和谐，而不失立体感。

使用90度侧光拍摄人像，照片中出现较为强烈的光影效果，在光影效果影响下，人像作品个性强烈

借助90度侧光拍摄沙丘时，画面中出现明显的光影效果，照片明暗之间线条感增强

3.4 / 增加景物立体感的45度侧光

　　光线投射方向和拍摄方向成45度夹角的光线叫做45度侧光。这样的光线是前侧光的一种，和平时早晨9点、下午3点的光线角度非常相似。所以，拍摄出来的照片往往可以给人自然的感觉。再加上45度侧光拍摄的景物具有明显的明暗差别，可以使景物具有非常丰富的影调，给人较强的立体感。所以，45度前侧光是摄影师最常用的光线之一。

拍摄人像作品时，采用45度侧光对主体进行补光，画面中出现明显光影，照片在光影影响下，立体感增强

3.5 / 可以勾勒出轮廓光的侧逆光

光线投射方向和相机之间的夹角大于120度、小于150度的光线叫做侧逆光。通常，选择此角度进行拍摄，照片会出现以下几种效果。

1.选择此种角度的光线拍摄，景物的影子会出现在景物侧前方，景物的正面会因为较暗而失去细节。所以侧逆光在拍摄人像照片时，常常会作为修饰光使用，对人物的轮廓进行重点表现。

2.在拍摄一些材质较薄的物体时，侧逆光会使画面中主体出现一种独特的半透明效果。比如拍摄花瓣较薄的花朵、拥有半透明翅膀的蜻蜓等。

3.拍摄动物毛发时，选择侧逆光角度拍摄，可以让动物周围毛发形成明亮的轮廓光，从而让照片更加精彩。

秋季拍摄红叶时，可以选择侧逆光角度，可以得到树叶半通透，光芒绚丽的效果

侧逆光拍摄狗狗时，狗狗身上的毛发出现一种金黄通透的特殊效果

3.6 / 增加照片艺术感的逆光

光线投射方向和拍摄方向完全相反的光线叫做逆光。这种光线产生的影子在景物的正前方，景物在照片中会显得很暗。但是，选择逆光角度拍摄，也可以使照片极具艺术效果。通常，我们会在以下几种情况选择逆光角度拍摄。

1.拍摄透明景物。使用逆光拍摄透明的玻璃杯、花朵时，照片可以给人唯美的感觉。

2.拍摄剪影。利用逆光拍摄时，景物由于很暗，在较亮的背景中，会以剪影的形式出现，照片会给人很强的艺术感。

3.渲染气氛。在逆光条件下拍摄，照片中的光照效果非常明显，通常能给人温暖、浪漫的感觉。

选择逆光角度拍摄，并对背景亮部区域测光，前景中的景物形成明显的剪影效果

拍摄透明玻璃杯与杯中液体时，逆光使杯子的轮廓得到清晰表现，杯中的液体也更显晶莹剔透

3.7 / 利用环境中反光性强的物体对主体补光

在拍摄人像照片时，如果人物面部太暗，我们可以借助反射光为人物面部补光。具体操作时，可以借助反光板或者周围一些反光性较强的物体，进行反光，比如玻璃墙面、沙滩、雪地、平静的水面等。

借助反射光进行拍摄时，需要注意以下几点。

1.反光不要太过强烈。借助反光拍摄，其主要目的是让人物面部阴影减淡，使画面中明暗过渡柔和，照片更加通透。因此，在拍摄时，反光切不可太亮，否则容易导致照片曝光过度，细节丢失。

2.灵活运用曝光补偿。在借助这些反光物体反光拍摄时，因为反射光的加入，会导致一些测光数据的偏差，我们需要根据实际情况，适当调节曝光补偿，从而保证照片曝光准确。

3.需要注意反光物体颜色，以免反光物体颜色干扰主体。我们在选择反光物体时，尽量避免色彩艳丽的反光，否则反光物体的颜色也会反射到主体之上，从而导致主体偏色。

在室内，选择逆光角度拍摄时，可以选择白色反光板，为人像补光，从而让人像背光一面明亮、清晰

如何在自然光下拍摄

对于初学者来说，接触得最多的是自然光环境下的拍摄，比如户外人像摄影、风光摄影、室外动物摄影等。只要利用得好，自然光下也能拍摄出我们想要的光影效果。

本章，我们便来一起了解一下自然光环境下的拍摄技巧，以及不同天气情况下的拍摄要点。

第 **4** 章

4.1 / 在自然光下拍摄常会用到的摄影附件

在室外自然光下拍摄时，因为我们面对的光源是太阳，很难改变光源性质，不过，我们可以借助一些附件辅助拍摄，从而拍摄出想要的画面效果。下面我们介绍几个比较常见的摄影附件。

滤镜

在自然光下拍摄时，使用最多的附件便是滤镜了，比如常会使用到的偏振镜、减光镜等，借助这些滤镜可以让照片画面效果更加精彩。

偏振镜，也叫偏光镜，简称 PL 镜，是一种滤色镜。偏振镜的作用是能有选择地让某个方向振动的光线通过，从而可以消除或减弱非金属表面的强反光。在景物和风光摄影中，常用来压暗天空和表现蓝天白云，突出画面中的色彩浓度等。

减光镜，也叫中灰密度镜、中性灰度镜，这类镜片主要作用是减少进入相机的光线，主要会在光线较充足时，借助此镜片达到减慢快门速度的目的，比如晴朗天气下拍摄瀑布，想拍出如丝如雾效果时使用。

减光镜

偏振镜

使用慢速快门拍摄瀑布，现场光线较为充足时，可以使用减光镜，避免慢速快门导致照片曝光过度

三脚架

三脚架，通常，包含脚架和云台两部分，脚架支撑站立，云台连接相机、调整拍摄角度。云台一般与脚架成套卖，不过也可以单独选择不同的云台。

三脚架有多种材质，目前市面上流行的是碳纤维与合金材质的三脚架。前者重量轻巧，后者稳定性好。另外，三脚架伸缩节数越少，稳定性越高，反之越差，目前三脚架常见节数为三节。

在自然光下拍摄时，借助三脚架，可以让相机更加稳定，从而确保画面清晰。

三脚架

云台

快门线与遥控器

在自然光下拍摄，当使用较慢快门速度时，为了让照片更加清晰、锐利，我们会借助快门线或者遥控器帮助拍摄，这样可以避免手按下相机快门时，引起的相机晃动。

另外，在使用相机B门模式拍摄时，我们还可以利用快门线上的锁定快门，完成长时间曝光。

快门线

遥控器

反光板

在自然光下拍摄人像、动物、静物等主体时，反光板是我们常会用到的辅助器材。

反光板，从其名字就可以看出，其主要是用来反射自然光的。具体拍摄中，当人像面部出现阴影时，我们可以借助反光板进行补光，从而让照片整体曝光更准确。

反光板

遮光罩

遮光罩，简单来说，就是可以遮挡光线的设备，通常，其安装在镜头上，可以阻挡杂光、提高成像清晰度和色彩还原效果。常见遮光罩有圆筒形、花瓣形、方形三类，以前两类居多。一般来说，圆筒形遮光罩是安装在中长焦镜头上的，而花瓣型遮光罩则是安装在广角镜头上的。

需要注意的是，不同镜头的遮光罩不能混用。比如标准镜头的圆筒形遮光罩放在广角镜头上，由于广角镜头视角较大，就会造成拍摄的画面四周出现黑影区域。花瓣罩对应画面四角的位置是向内凹陷的，能够"让开"画面四角的光线，在不遮挡画面四角的前提下，其花瓣等于又向前延伸了一段遮光罩，可以提供比圆形遮光罩更好一些的遮挡杂光作用。

花瓣形遮光罩

圆筒形遮光罩

将遮光罩安装在镜头上的效果

4.2 / 清晨或者傍晚拍摄绚丽多彩的景色

　　在清晨或者傍晚的自然光下拍摄，此时太阳的照射角度较低，照射出的光线非常柔和，可以给画面带来温润、柔美的光照效果。

　　清晨空气很干净，也很湿润，可以使画面表现得非常透彻，通常，我们会选择在此时，拍摄风光题材和花卉题材。

　　傍晚，晚霞漫天，选择这一时间拍摄，画面整体色彩更显绚丽，场景中光线柔和，当太阳落山后，为使曝光准确，我们多会选择较慢的快门速度。通常，我们会在傍晚时拍摄绚丽多彩的日落，城市夜景等。

　　在实际拍摄时，我们要准备好稳定相机的三脚架，以及控制快门的快门线，如果相机镜头上还装有在白天拍摄时的UV镜，最好将UV镜取下，以保证进光充足，画面清晰。

在清晨拍摄风光作品时，空气通透度较高，场景中整体光线柔和，选择好合适角度，还可以拍摄出太阳的星芒效果

傍晚，太阳落山后，拍摄山间的建筑，地面灯光与天空变暗的蓝调形成冷暖色调的对比，为画面增添了吸引力

4.3 / 正午顶光下的拍摄技巧

中午时分，太阳光线是最强烈的时候，并且太阳会在我们头顶位置，此时的光线会直接向下投射在物体上，使主体的顶部受光，而其他地方处在阴影区域中，画面中容易出现清晰的明暗交替，在表现作品中柔美一面的时候，我们多会避开中午时候拍摄。

然而，并不是说中午不能拍摄，在表现一些静物自身棱角的时候，我们可以选择中午拍摄，比如山峦、湖面、花海等表现事物顶部色彩细节的画面。另外，如果想要在中午拍摄人像，我们可以让人物摆出抬头的姿势，以减少脸上的影子。

在正午时分拍摄山脉，在直射光的照射下，山脉棱角分明，画面给人强烈的力度感

正午直射光下拍摄人像，地面呈现出小小的影子，利用全景拍摄人物的跳姿，人物面部形成的阴影被削弱

4.4 / 如何在雪天拍摄

　　除了在阳光明媚的天气下拍摄之外，雪天也是拍摄的好时机。白茫茫的雪景，将环境中一些杂乱的景物都遮盖住了，画面显得洁白、干净。不过雪天拍摄时也有一些需要注意的地方，主要有以下几点。

　　1.相机保护。雪天拍摄时，要注意保护好相机。这主要体现在，室内室外温差方面。具体来说，我们将相机由温度较高的室内拿到温度很低的室外时，需要先将相机放在相机包中，降降温，让相机温度与室外温差减少到最小时，再将其从相机包中拿出；我们将相机从温度极低的室外拿到暖和的室内时，也需要将相机放在相机包中，切不可直接将相机拿到室内，以免室内外的温差造成镜头中出现雾气。

　　2.适当增加曝光补偿。雪天拍摄时，可以适当增加曝光补偿，从而使雪景更显洁白。

　　3.选择不同方向的光线拍摄。在实际拍摄中，我们可以选择不同方向的光线拍摄，比如顺光拍摄，可以突出雪景的洁白、纯净；侧逆光角度拍摄，画面中雪花在侧逆光的照射下，晶莹剔透，颗粒的质感更强烈。

　　4.利用光影效果。拍摄雪景时，注意发现环境中的光影之美，结合影子一起拍摄，会让画面更显丰富。

选择侧逆光角度拍摄雪景，雪地上的雪呈现晶莹亮光，画面中雪景颗粒感增强，照片质感更强烈

适当增加曝光补偿，可以让雪显得更白

在白茫茫的雪地里取景时，要善于发现场景中出现的光影效果，结合影子一起拍摄，可以让画面更丰富有趣

4.5 / 如何在阴雨天气拍摄

在阴雨天气拍摄时，若是想要拍摄更加顺利，我们可以从以下几个方面着手。

1.阴雨天气，第一点便是要做好防水工作。具体拍摄时，不仅要为拍摄者准备雨具，比如雨伞、雨衣等；还要为手中的相机与镜头套上防水套，避免器材被雨水打湿。

2.阴雨天气测光技巧。阴雨天气，经常会出现雨水反光的现象，在拍摄景物时，我们可以选择评价测光，对整个拍摄场景测光。另外，阴雨天气的环境光线较弱，为避免照片曝光不足，可以适当提高相机的感光度。

3.辅助器材的选择。阴雨天可以拍摄的题材种类很多，在具体拍摄时，需要根据主体，选择适合的辅助器材，比如在拍摄细小的雨滴时，可以准备微距镜头；在拍摄阴雨中的闪电时，可以准备三脚架、快门线等辅助器材。

4.对焦模式的选择。阴雨天拍摄时，由于环境处于弱光条件，相机自动对焦功能极有可能出现失灵、对焦不准等情况，因此，在实际拍摄中，可以根据具体情况，选择适合的对焦方法。

拍摄落在路面的雨水时，为使画面整体曝光准确，可以选择评价测光模式

4.6 / 如何在大雾天气拍摄

大雾天气时雾气朦胧，画面中亮部区域会呈现明显白茫茫效果，暗部区域也会呈现较为明显的阴影。在这种天气拍摄时，我们需要注意以下几点。

1.注意曝光。大雾天气环境下拍摄时，要选择合适的测光点，让画面整体曝光准确，避免白茫茫一片或漆黑一片的情况出现。

2.选择适合的拍摄主体。在实际拍摄中，由于大雾的影响，环境中很多场景都会被雾气遮盖，因此，在取景时，我们应该选择一些场景独特、有趣味的主体进行拍摄。

3.选择手动对焦。大雾天气，相机的自动对焦功能有可能不能正常使用，此时，我们需要选择手动对焦进行拍摄。

大雾天气时，树林间雾气朦胧，对场景中光亮适中的位置进行测光，画面中亮部与暗部区域轮廓都可以得到很好表现，画面整体意境更佳

如何使用人造光
进行拍摄

与自然光相比，人造光可控性更好，我们可以根据拍摄需求随意调节光的强弱、光线的照射方向、光的软硬等，因此，在拍摄一些商业产品、专业人像、儿童照片时我们可以选择利用室内人造光拍摄。

本章，我们来一起了解一些跟人造光有关的常识，以及在不同人造光环境中的拍摄技巧。

第5章

5.1 / 人造光有哪些

　　除了自然光之外，人造光也是我们拍摄时常会用到的光线。为了更清晰地认识和了解人造光，我们可以将人造光分为两类：一类是满足影棚拍摄的影棚灯具光源；另一类是除影棚内灯光以外的，满足人们日常生活的照明光源，比如家庭中使用的照明灯、夜晚的路灯等。

　　两种不同的人造光环境，拍摄出来的效果也有着明显区别，比如在影棚拍摄，我们主要为了更好地表现主体细节，以及主体本身的特点；而在家中、咖啡店、路灯下拍摄时，我们会将周围的环境融入照片，让照片更具现场感。

　　因此，在实际拍摄中，我们可以根据现场环境光源状况，选择适合的拍摄方法，从而让画面更为精彩。

在影棚内拍摄静物的时候，我们通过对影棚灯光的布置，可以让静物细节得到更为清晰的表现

拍摄生日聚会时，烛光作为场景中的主要光源，拍摄此场景，照片整体现场感更为明显，画面生活气息也会增强

5.2 / 如何借助环境光进行拍摄

　　所谓环境光，简单来说，就是指拍摄现场中存在的光线，环境光既可以是自然光，也可以是人造光。这里，我们主要考虑人造光作为主要光源的情况。值得注意的是，人造光环境并不一定只局限于室内灯光，其还可以是屋外的路灯、车灯等。

　　具体拍摄时，我们首先要观察现场环境，了解现场环境中光源是什么，光源强度如何，光线方向是什么，我们要选择什么样的拍摄角度，也就是拍摄时，选择顺光、测光还是逆光。在分析现场光之后，我们可以选择适合的拍摄角度、拍摄技巧，拍摄出自己想要的画面效果。

空无一人的小巷，几盏路灯散发出微弱的光芒，画面给人寂静、古老的感觉

5.3 / 提高感光度，增加画面现场感

在实际拍摄中，借助灯光等人造光进行拍摄时，当现场环境光线不足时，为确保场景中曝光准确，有时会使用闪光灯，不过，使用闪光灯补光，虽然画面曝光准确，但画面的现场感会被削弱。

因此，在记录生活中点滴瞬间时，为了让照片现场感更为强烈，我们通常会使用适当提高感光度的方法进行拍摄。

这样拍摄出来的照片，在曝光准确，场景细节得到更好表现的基础上，现场感也得到增强。

在光线昏黄柔弱的场景中拍摄人像时，我们可以适当提高感光度，让照片曝光准确，同时保留现场的环境氛围

在室外放孔明灯时，我们可以将灯火作为光源，适当提高感光度，可以更为清晰地表现现场环境，照片现场感也会得到增强

5.4 / 影棚内常用到哪些设备

在影棚内拍摄时，会用到一些摄影专业设备，下面我们介绍几个影棚中常用的设备。

影室灯

常用的影室灯主要由大功率的闪光灯和造型灯两部分构成，而闪光灯通常在灯口位置都是环形的造型，闪光灯中央是插造型灯的接口，造型灯一般是石英灯、白炽灯等。我们可以对这种影室灯的功率进行调整，有无极调整的，也有分挡调整的，在购买影室灯时，可以根据我们的需要进行挑选。

在使用影室灯时，如果不用闪光灯，我们可以利用造型灯作为主要的照明光源进行拍摄，而在使用闪光灯时，造型灯就只作为我们布光以及看主体造型效果的时候使用。有些造型灯会在闪光灯闪光时关闭，闪光灯闪光之后再亮起来，这样设计是为了防止造型灯色温对闪光灯产生干扰。不过，对于石英灯、白炽灯等以热发光的灯而言，这样做并没有什么意义，如果担心造型灯对色温产生干扰，可以在对主体布光完后，关闭造型灯电源，再去拍摄。

影室灯

反光罩

反光罩也是不可缺少的灯具设备，在使用灯具过程中，反光罩可以对光源发出的不能照在主体上的光进行反射，从而大大提高灯具的光线利用率，增加灯具的使用效率。

反光罩的反光率主要取决于制作的材料，反光材料的反光率、光衰等信息直接决定着反光罩的质量。反光罩的形态主要是指对光线的反射角度等，它决定了反光罩对光线的处理能力，综合来说，反光罩是很重要的灯光工具，它的材料和形态决定了灯具的输出效率和输出的通光量。

反光罩

柔光箱

在影室中，柔光箱也是常会用到的灯光设备，柔光箱是由反光布、柔光布、支架和卡口组成的，柔光箱的形状比较多样，有八角柔光箱、四角柔光箱和圆形柔光箱等，其中四角柔光箱是最常见的。

柔光箱的内侧起到反光板的作用，可以把顶部光源变成柔和的散射光，被摄主体在这种光线环境下会显得更柔美。在影室内拍摄人像或静物时，柔光箱经常被用到。

柔光箱

反光伞

反光伞是一种专业的反光工具，反光效果非常出色，并且伞还可以折叠起来，使用很灵活，是许多摄影师钟爱的反光用具。

反光伞有不同的颜色，有白色、银色、金色、蓝色等，它们会对物体反射出不同颜色的光，其中白色和银色是最常用到的，因为这两种颜色的反光伞不会改变物体的色温，金色的伞面会降低闪光灯的光线色温，这需要摄影师来控制；而蓝色的伞面可以升高闪光灯的光线色温。无论我们利用哪种颜色的反光伞，反光伞都会将光线变得很柔和，使被摄主体产生的阴影很淡。

反光伞

蜂巢

蜂巢是我们在摄影中对于蜂巢罩的昵称，蜂巢是一种灯光控制的工具，因为其造型特点很像自然界中蜜蜂的巢房，所以称它为蜂巢。蜂巢罩可以按大小和薄厚的不同，分为几十种，使用蜂巢罩可以使光源更加集中，成集束平行射出。

在实际拍摄中，常用于人物面部的硬光控制、背景亮度的局部控制及人物边缘轮廓光的勾画等，使用时可以直接插入或套入予以固定。

蜂巢

静物台

静物台是影室中另一个很重要的设备，从字面上我们就可以看出是用来放置静物的台子，进一步说是用来拍摄静物的专业平台。在室内拍摄人像时基本不会用到，但拍摄小型静物是离不开它的，比如拍摄淘宝产品时会用到，因为静物台可以使画面环境简洁、干净，也非常有利于灯光的布置。

静物台方便我们拆卸、布光以及更换背景，一个专业的静物台通常包括组合整个静物台的各类标杆和一块放置静物的塑胶板，另外还有为数众多的胶夹和万向旋转胶夹。

静物台

背景布与背景纸

通常，在影棚内拍摄时，我们会借助背景布，为现场布置适合的背景。

背景，按照材料可分为背景布与背景纸，如果按照载体分类，可以分为纯色背景和场景背景。

背景布有无纺布和植绒布，其中无纺布中间有空隙，不适合近距离拍摄；植绒布容易起褶，需要反复熨烫，并且价格比较昂贵。背景纸表面平滑细腻、色彩饱满、吸光性好，而且价格非常便宜，深受众多影友的青睐。

目前市面上的背景纸一般有以下几种：海绵纸、卡纸、大型的专业摄影净色背景纸。

海绵纸：海绵纸适合拍摄较小的物品，因为其规格较小，一般以90cm×50cm居多。海绵纸的材料是由EPE发泡软片构成，韧性强、无接口、不容易起褶，并且不怕脏，即使脏了，用湿布一擦即可，另外一个最显著的特点是不怕水、吸水性好。

卡纸：卡纸一般分为两类，即淡色卡纸和渐变色卡纸。目前在市场上使用最多的卡纸规格是110cm×79cm，230g/张。这种卡纸很适宜拍摄饰品、童装或半身的服装。由于卡纸颜色齐全、价格低廉，所以很受影友们的青睐。

净色背景纸：净色背景纸的尺寸较大、色彩清晰、吸光性能很好，可以应用于更广泛的主体拍摄，不过，相比于其他的背景纸，净色背景纸的价格比较昂贵，但由于拍摄效果很出色，所以仍然受到很多专业影友们的喜爱。

净色背景纸

5.5 / 如何区分影棚内的主光和辅光

在影棚内拍摄时，为使照片整体细节得到清晰展现，我们会在现场中布置多个光源，这就需要区分场景中的主光与辅光。

主光

所谓主光，简单来说，就是场景中最主要的光源。其强度、位置、角度往往决定了一幅作品的风格与影调。我们在布光时，需要根据想要表现的画面效果，选择适当的主光布置方法。比如，当我们需要拍摄高调风格作品时，主光的光线强度通常比较强烈，与模特的角度更小，这样均匀充足的光线可以使画面更加明亮。而当我们需要拍摄立体感较强的人像作品时，主光往往在人物的斜侧面或正侧面，这样的光线角度可以为画面带来清晰的明暗对比，画面立体感更加突出、明确。

想要拍摄出来的照片立体感更强一些的时候，我们可以在模特的斜侧方向布置主光

辅光

如果说主光决定了照片的整体风格与影调，那么辅助光的最大作用便是解决主光留下的问题。辅助光的主要作用是为画面的阴影区域进行补充照明，让画面体现更多的暗部细节。因此辅助光的光线强度通常小于主光，使画面出现清晰的明暗反差效果，突出画面立体感。

如果场景中只布置主光，人物面部没有被光照射到的位置会出现明显阴影。在人物侧面放置一块反光板，加入辅光，人物面部没有被光照射到的区域，在辅光照射下，明亮、清晰起来

5.6 / 如何让影棚内拍摄的照片更出彩

在影棚内拍摄时，适当加入一些布光技巧，画面会大不一样。

背景光让主体跃出画面

背景光最主要的功能是使主体与背景很好地分离开来，使主体更加突出明确。需要注意的是，背景光通常使用在深色背景中，而浅色背景尽量不要再使用背景光照射，不然会出现背景过于明亮的情况。

背景光的摆放也有一定的技巧，当光源正对背景时，主体背后会出现一个由中心向四周扩散的圆形光线渐变。而当背景光源与背景呈现一定角度时，主体背后的背景光会呈现出一定角度的渐变效果。

拍摄静物主体时，在场景中添加背景光，静物主体与背景明显分离开，照片空间感也得到增强

发光让人物头发通透有层次

发光是指通过光源的照射，使人物的头发展现出更加明亮、更有质感的特殊效果。一般情况下，顶光、逆光或侧逆光是制造发光的最佳光线。

需要注意的是，在实际拍摄中，选择逆光或者侧逆光添加发光时，需要适当为模特阴影面进行补光，以免在模特身体上留下非常明显的阴影区域，严重损失画面的细节效果。

另外，之所以顶光也可以为现场添加发光，这主要因为，顶光是将主光安排在距离人物较高的位置，从上向下覆盖照射，这样的光源类似于模拟太阳光线，模特的头发会因为顶光的照射而出现非常清晰的明亮效果，从而形成发光。

在影棚内拍摄人像，将侧逆光作为主光或者辅光，为人物添加发光的同时，对人物没有被光照射到的暗部进行补光，从而避免面部细节丢失

将顶光作为主光或者辅光，为人物主体添加发光，从而让照片整体层次感增强

摄影用光之风景题材实拍训练

拍摄自然风光，一般来说，都是在自然光环境下拍摄，有些用光技巧，我们可以遵循自然光中的拍摄技巧，从而拍摄出更精美的风光摄影作品。

本章，我们将结合具体场景讲解一些风光摄影的用光技巧。

第6章

6.1 / 风光摄影的最佳拍摄时间

拍摄风光作品，主要是在自然光环境中进行的，自然光在一天中是不断变化的，这就导致不同时段拍摄出来的画面效果也不一样。在实际拍摄中，我们可以根据想要表达的画面效果，选择最佳拍摄时间进行拍摄。

通常，在拍摄风光作品时，我们会选择太阳初升起的时候进行拍摄，这主要是因为，太阳刚刚升起的时候，环境中光线柔和，天空在朝阳渲染下，色彩绚丽斑斓，经过一晚的水汽沉淀，空气通透度也会很高，选择这一时间拍摄出来的照片，画面效果很精彩。

与日出时相对应的时间，无疑就是日落时，我们也可以选择在日落时进行拍摄。与清晨拍摄时相同，太阳位置很低，并且会慢慢降于地平线位置，此时太阳光的照射强度已经没有正午时分那样强烈，光线柔和，我们肉眼都可以直视，低角度照射下的太阳光，可以使景物产生较长的阴影，为画面增加了氛围。

另外，日落时，太阳光的色温降低，呈现出一种暖色调效果，也就是黄昏时非常迷人的金黄色，并且这种色调会渲染整个画面，使画面给人一种温暖、热烈的感觉。

选择太阳刚刚升起的时候，拍摄山巅景色，朝霞会渲染整个天地，画面色彩更加绚烂、精彩

除了清晨和黄昏，一些特殊天气也是我们拍摄风光的绝佳时机，比如雨过天晴的时候。

在白天，受风力和人为因素影响，空气中会有许多微小的尘埃颗粒，这些尘埃颗粒聚集在空气中，会影响空气的透明度，使得到的画面产生一种朦朦胧胧的感觉，很不透彻。而雨过天晴后，天空就像是被雨水洗过一样，变得湿润、干净、透彻。我们拍摄风光题材的照片，大都会有花草树木等绿植出现在场景中，刚被雨水淋过的这些植被，也会显得生机勃勃，画面中的色彩饱和度也会呈现得更加饱满。

另外，雨天之后，也常伴有彩虹出现，这种自然奇观也是很吸引人的拍摄题材。所以，如果你爱好摄影，并刚刚经历了一场雨水，那么你完全有理由拿起相机，走进大自然，去创作属于你的作品。

雨后，空气通透，自然景观在雨水的洗涤下，焕然一新，我们选择这时候拍摄，山景作品更加清新通透

6.2 / 风光摄影中如何准确测光

　　拍摄风光作品时，通常会面对较大的场景，这就使得我们在拍摄时，需要注意整个场景的受光情况，如何准确测光，也成了风光摄影需要着重考虑的问题。

　　具体拍摄时，在光线充足且光照均匀的场景拍摄，我们会选择相机自身的评价测光模式，对整个场景进行测光，从而获得准确曝光。

　　在光线变化明显，光线反差较大的场景拍摄时，我们可以对环境中光线明暗适中的区域测光，从而让画面保留更多细节；也可以对亮部区域测光，压暗整张画面，营造明暗对比的视觉效果。

　　我们在日出、日落时拍摄，选择不同测光点，画面会获得不同曝光结果。比如，我们是想着重表现地面的景物，那么在选择测光位置时，我们应该尽量找到一个亮度适中的地点进行测光，并且利用相机的曝光锁定功能锁定曝光，之后再重新取景拍摄。这样既可以保证被摄景物的大部分细节得以清晰呈现，也可以避免画面中的天空曝光过度，失去色彩。

在光线均匀的中午拍摄风光时，我们可以使用相机的评价测光模式，对拍摄场景测光，可以获得整体明暗均衡的画面

6.3 / 照片出现眩光怎么办

在逆光环境下拍摄，有时候画面中会出现眩光的现象。所谓眩光，简单来说，就是指画面中出现奇怪亮点或者光斑，甚至有时候在光源周围存在明显光环。在表现风光作品时，画面中出现眩光，会直接影响整张照片的完整与美观。在实际拍摄中，我们可以使用以下几种方法，避免眩光出现。

1. 在镜头前安装镜头遮光罩。在实际拍摄中，安装与镜头适配的遮光罩，可以很好地避免眩光现象出现。另外，没有准备遮光罩的时候，我们将手放在镜头受光的一侧，也可以很好地避免眩光问题。

2. 尽量避免相机直接对着强烈的太阳光，这样可以极大程度避免眩光出现。

3. 适当调整拍摄角度。如果从显示屏或者取景器中观察到有眩光出现，可以小范围调整一下拍摄角度，直到眩光消失后再按快门。

拍摄强光下的剪影时，对着太阳取景，画面极容易出现眩光现象

避免拍摄强光源，可以很好地避免眩光出现

6.4 / 拍摄水中的倒影

　　拍摄水景时，有时候会遇到一些水面比较平静的场景，这时候，我们可以拍摄水中的倒影。具体拍摄时，应注意以下几点。

　　1.使用顺光或侧光光位。在拍摄倒影时，如果希望水中的倒影较为清晰，最好使用顺光或侧光，最好不要使用逆光和顶光角度拍摄。日出、日落时分是使用顺光拍摄的最佳时机，而等太阳略微升高、光线较强时，最好使用侧光。

　　2.放低视角让倒影更接近实景。在拍摄倒影时，最好能够尽量放低拍摄角度，拍摄角度越低，倒影越能接近实景的大小比例。在放低视角拍摄时，一定要在镜头前加装遮光罩，以避免水面反射的杂光在镜头上形成光晕。

　　3.增加曝光让倒影更清晰。水面的倒影常常会给人一种亮度较高的错觉。实际上，水面的倒影通常比实景亮度还要低 1~2 挡曝光，这是由于水面反射导致光线减弱的原因。因此，在拍摄倒影时，最好能够增加1挡左右曝光，以保证倒影的暗部呈现得更加清晰。

拍摄水中倒影的时候，借助斜侧面照射过来的光线进行拍摄，水中的倒影可以更为清晰地展现出来

6.5 / 如何消除水面反光

在拍摄水景时，我们会发现，在一些强光环境，水面的反光会很明显，如果操作不当，画面中的水景会出现曝光过度现象，从而影响照片整体美感。在实际拍摄中，我们可以从以下几点入手，消除水面反光。

1. 为镜头配备偏振镜。偏振镜可以很好地避免水面反光，我们在拍摄中，可以旋转偏振镜，从而得到最佳画面效果。

2. 避免逆光或者侧逆光角度拍摄水景。在实际拍摄中，不难发现，选择逆光角度拍摄，水面中会出现明显的反光现象，想要避免反光，我们可以在避开逆光的情况下拍摄。

拍摄水质清澈的水景时，借助偏振镜，可以很好地避免水面反光，从而透过清澈水景，拍摄到水底的精彩场景

6.6 / 如何拍摄出波光粼粼的水面效果

　　水面具有很强的反光效果，尤其是在逆光位置拍摄时，反光更为明显，在实际拍摄中，我们可以利用这一特点拍摄波光粼粼的水面。具体拍摄中，需要注意以下几点。

　　1.用逆光低角度表现波光层次。低角度拍摄时，水面可以有更多的星芒出现，水面层次也会增加。

　　2.用小光圈突出星芒效果。简单来说，就是指在拍摄波光粼粼的湖泊时，需要使用非常小的光圈进行拍摄。通常，比 f/16 更小的光圈就能够让星芒效果十分明显。除了缩小光圈外，使用经常在夜景拍摄中用到的星光镜，也能够让高光点呈现出美妙的星芒效果。

逆光拍摄水景时，选择小光圈，水面在光线的照射下，出现波光粼粼的独特效果

6.7 / 如何拍摄到大大的太阳

　　风光摄影中，在光线柔和的时候，比如日出、日落时，我们还会拍摄天空中的太阳。

　　如果想着重表现太阳的轮廓，将太阳主体放在靠近画面中心的位置，并且选择相机中的中央重点平均测光进行拍摄。在拍摄过程中，可能会遇到太阳的轮廓表现得不够清晰，周边有光芒溢出的现象发生，此时，为了使太阳的轮廓更加清晰，可以适当降低曝光补偿，将太阳周围的天空压暗，从而让太阳的轮廓表现得更加清晰。拍摄大太阳时，可以选择长焦镜头，镜头的焦距越长，得到的太阳也就越大。

　　另外，在拍摄过程中，我们可以选择云层遮住太阳，或者太阳挂在山边的场景进行拍摄，从而让照片中的太阳更大一些。

拍摄大太阳的时候，选择云层遮住太阳的场景，照片更为饱满

拍摄日落时的太阳时，将太阳放在画面中间，选择中央重点平均测光模式，并适当降低曝光补偿，太阳轮廓更清晰

6.8 / 高速快门拍摄飞溅的水滴

在风光摄影中，拍摄水景的时候，有时候会遇到一些壮阔的场景，比如飞流直下的瀑布，波涛涌动的浪花等。在拍摄这些运动的水景时，若想拍摄到瀑布倾下，海浪卷起的瞬间，我们可以选用高速快门拍摄。

具体拍摄需要注意以下几点。

1.现场中光线充足，使用高速快门的同时，确保照片曝光准确。在拍摄过程中，使用高速快门，为保证照片有足够多的清晰范围，需要选择较小光圈，因此，使用高速快门拍摄时，现场光线需要更为充足，可以选择在正午时分进行拍摄。

2.对场景中浪花或者瀑布进行测光，保证主体细节清晰。通常，溅起的浪花呈现出白色，我们在拍摄时，最好对浪花进行测光，从而保证浪花的清晰，曝光准确。

选择高速快门拍摄瀑布的时候，对瀑布测光，从而使瀑布曝光准确，照片中明亮的瀑布细节可以得到更为全面的表现

6.9 / 慢速快门拍摄溪流瀑布

除了使用高速快门定格水景中的流水以外，还可以使用慢速快门拍摄如梦似幻、如丝如雾般的流水。

具体拍摄时，需要注意以下两点。

1.使用三脚架稳定相机。

2.使用慢速快门，在光线较好的时候，为保证照片不会因为曝光时间过长而导致曝光过度，需要将感光度设置为相机的最低值，光圈尽量开到最小光圈。如果依旧不能达到正确的曝光，可以为相机安装中灰减光镜，从而保证照片曝光准确。

使用慢速快门拍摄瀑布溪流时，借助三脚架稳定相机，并且使用减光镜，可以让照片曝光更准确，避免曝光过度问题的出现

6.10 / 使用明暗对比的方法拍摄山景

在黄昏时分拍摄山脉时，自然光角度较低，可以利用照射到山峰的局域光拍摄，获得山顶明亮、山腰山脚等地方偏暗的效果，画面出现显明明暗对比。具体拍摄时，可以从以下几点着手。

1. 选择低角度的光线拍摄。在太阳即将落山的时候，光线的角度很低，位置较高的山顶上还有光线而地面已经没有直射的阳光，这时山峰会出现强烈明暗效果。

2. 对太阳照射到的山顶测光。使用点测光针对光线直射的山顶测光，可以获得曝光更加准确的照片。

在日落时，拍摄山景，可以对山顶阳光照射到的区域测光，与周围阳光没有照射到的区域一起，画面形成明暗对比，山顶出现金顶效果

6.11 / 如何在树林中拍摄出更加梦幻的照片

在林中拍摄风景作品时，我们可以选择光照比较均匀的场景进行拍摄，清晰表现林中场景。不过，有时候，这样清晰展现林中场景的作品，总会让人觉得平淡，画面不够绚丽、新奇。

因此，我们还可以借助光线，将林中作品拍摄得绚丽、梦幻。

具体拍摄时，可以寻找一些独特的光照环境进行拍摄。比如，透过林中缝隙照射下来的光束，此时，树木前方出现明显的影子，树木枝干与叶子间光芒四射，尤其是林中有轻薄雾气的时候，照片更显梦幻、神秘。

拍摄受光均匀的林子，林中树木细节可以得到细致表现，但照片视觉效果不够震撼

选择侧逆光角度拍摄光线透过树叶缝隙进入林中的场景，画面整体绚丽，林中照片更为精彩

6.12 / 正午拍摄多云的草原景色

晴朗天气行走在辽阔的草原，放眼望去，我们会看到漂亮的蓝天白云，美丽的环境，给了我们极大的拍摄兴趣。实际拍摄中，我们可以从以下几点着手。

1.对蓝天测光，让照片曝光更准确。拍摄蓝天白云时，可以对蓝天进行测光，从而使照片整体曝光准确。

2.选择相机的评价测光，让拍摄到照片中的画面的整体细节都得到更为细致的表现。

3.拍摄天空中的云彩时，适当地增加曝光补偿使云彩显得更白，也可以使照片更加唯美。

拍摄草原上的景色时，如果将天空中的云彩作为配体，画面整体更显饱满、充实

着重表现天空中云彩时，我们可以只保留小小的地面区域，对蓝天测光，保证照片曝光准确，从而让照片看起来更显高远

6.13 / 如何表现沙漠的纹理与质感

　　在沙漠中拍摄时，我们既可以选择光线较低的清晨或者傍晚，拍摄明暗关系强烈的画面效果，比如明暗强烈的沙漠光影，剪影效果等。也可以选择光线强烈的中午拍摄，表现沙漠纹理与质感。

　　具体拍摄时，为使画面中沙漠纹理清晰，质感强烈，我们在取景时，尽量选择纹理较为明显的场景，借助光线强烈的侧逆光进行拍摄。在光线照射下，风吹过沙子，留下的纹路可以更为立体地表现出来。

选择光线强烈的侧逆光角度拍摄沙漠，光影形成有规律的纹理，增添了画面的节奏感和美感

6.14 / 如何表现白云的层次感

拍摄风光作品时，我们会经常和天空中的云彩打交道。如果操作不当，照片中云彩要么曝光过度，要么缺乏层次感，从而照片画面效果变差。

实际拍摄中，在遇到有云彩的拍摄场景，我们可以这样处理。

1.对天空中云彩进行测光，云彩所占面积较大时，可以适当增加曝光补偿，让云彩曝光更准确。

2.选择侧光或者侧逆光，在侧光或者侧逆光位置拍摄时，光线从侧面照射过来，天空中的云彩朝向镜头的一面会出现明显的明暗过度，这就增加了云彩的立体感，云彩的层次也丰富起来。

顺光拍摄风光，对地面山景进行测光，天空中云彩曝光过度，导致云彩层次丢失

选择侧逆光拍摄天空云彩，在光线照射下，云彩上出现明显的明暗过渡关系，云彩层次丰富，立体感增强

6.15 / 如何在弱光下拍摄风景

在拍摄风光照片时，我们会遇到光线很弱的情况，这种时候很容易因为曝光不足导致拍摄出画面整体过于黑暗，画面细节得不到完美体现的照片。

在弱光下拍摄时，我们可以借助三脚架稳定相机，选择较慢的快门速度，让照片整体曝光准确。当然，在弱光环境中存在小区域明亮场景时，我们还可以使用明暗对比的方法，对弱光环境进行拍摄。

弱光环境下拍摄时，可以将相机稳定在三脚架上，适当降低快门速度，从而让照片曝光准确

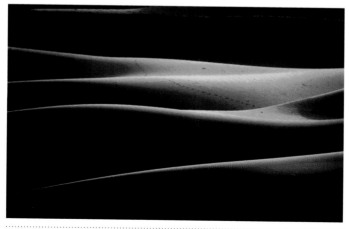

当然，我们也可以发现环境中的明暗关系，选择明暗对比方法进行拍摄，具体拍摄时对亮部区域测光，从而让明暗对比更强烈

6.16 / 使用包围曝光拍摄大光比场景

拍摄大场景风光作品时，在光线较为复杂的场景中，我们还可以选择包围曝光进行拍摄。借助拍摄一组等差曝光补偿的画面，从而更为快捷地拍摄到最为准确的曝光作品。

在实际拍摄中，借助相机包围曝光功能，我们可以在相机中设置等差曝光补偿的参数，比如-1EV、0EV、+1EV，相机会自动拍摄三种曝光补偿下的照片，我们可以在三张作品中，选择曝光最准确的照片，也可以在后期中，借助HDR功能，对照片进行合成。

曝光补偿：-1EV

曝光补偿：+1EV

曝光补偿：0EV

借助包围曝光，我们可以快速拍摄出一组曝光不同的照片，在应对一些不好判断曝光的场景时，使用此方法可以更有效、更快捷地完成拍摄

摄影用光之花卉题材实拍训练

　　对于初学者来说，花卉是非常好的拍摄题材，一方面，日常生活中花儿随处可见，公园里、街道边，有的人家中也养花，比较容易找到拍摄对象。另一方面，花儿本身色彩艳丽，造型优美，很有吸引力。不过，如果只是简单记录，很难拍摄出令人赞叹的花卉作品，只有充分利用光线，将光影变化下的花儿拍摄下来，才更能突出摄影的魅力。

　　本章，我们结合不同的光线效果讲解如何让花卉作品更精彩。

第 **7** 章

7.1 / 选择有露水的清晨或者雨后拍摄

在室外拍摄花卉时，我们可以选择有露水的清晨或者下雨之后进行拍摄。

清晨，光线柔和，空气中水汽较大，也比较干净，下雨后，太阳光线并不会因为雨停就出现强烈的照射情况，如果天空中还有一些云的遮挡，此时的光线还是属于一种柔和的散射光，在这个时候去拍摄花卉，可以得到很柔美的花儿照片。

散射光本身就会使花卉的色彩、纹理等细节表现得很出色，而选择在雨后拍摄，雨水刚刚冲洗过花瓣，花卉显得更加干净、清新，有时，花瓣上还会留有雨水形成的水珠，使花卉表现得更加莹润、诱人。

选择阴雨之后拍摄花卉，花卉在雨水的冲刷下，更显干净、美丽，另外结合点点水珠一起拍摄，画面给人出水芙蓉的美感

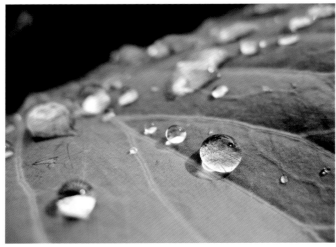

在有露水的清晨拍摄植物，可以使用微距镜头拍摄晶莹剔透的水珠，画面很清新

7.2 / 如何拍摄白色或浅色的花儿

在前面章节中，我们为大家介绍了雪景的拍摄方法，也就是尽量遵循"白加黑减"的曝光原则。在拍摄花卉题材的照片时，也可以根据这个原则进行曝光拍摄。

在拍摄白色花儿时，如果对白色花瓣测光，相机系统会自作聪明地以为眼前的画面很亮，从而自动减少曝光量，将画面的整体压暗，这样会使画面曝光不足，白色的花卉在画面中表现得很暗淡，此时，可以适当增加1～2挡的曝光补偿，这样可以使画面更加明亮，白色的花儿也可以表现得更为洁白。

另外，在拍摄花卉时，我们要学会灵活运用曝光补偿的功能，有时不光是拍摄白色的花卉，在一些光线非常暗淡的散射光环境中，也需要适当提高曝光补偿，来确保画面的曝光准确。

拍摄白色花儿时，对花卉主体测光，我们可以适当增加曝光补偿，从而让花儿更显洁白、亮丽

7.3 / 如何让花瓣更显通透

拍摄花卉时，想要让照片中的主体更显通透，可以从以下几个方法着手。

1.选择空气干净的清晨或者傍晚，另外雨水过后也可以进行拍摄。选择这一时间段拍摄，空气干净，照片看起来更显通透。

2.对花卉主体进行测光，让主体细节更加清晰。对花卉主体测光，可以确保照片主体曝光准确，从而更全面地表现细节。

3.选择顺光角度，顺光角度可以更好地表现主体细节，主体明亮清晰。选择顺光角度，花瓣主体受光均匀，花卉主体不会出现明显明暗关系，不会导致细节丢失。

空气通透的时候，选择顺光拍摄花卉主体，照片整体给人通透、清新的美感

7.4 / 如何拍摄出半透明效果的花卉照片

在拍摄一些质地较薄的花卉主体，比如郁金香、格桑花、虞美人等时，选择逆光环境拍摄，可以将花卉主体拍出一种半透明的独特效果。

另外，在拍摄一些带有细小绒毛的植物时，逆光会将这些植物的边缘拍摄出一种明亮的金光闪闪效果。

逆光拍摄白色的格桑花时，花朵出现半透明效果

逆光照射在郁金香丛中，红色的郁金香呈现出半透明效果

逆光角度拍摄狗尾巴草时，狗尾巴草的周围出现明显的轮廓光，产生一种明亮的金光闪闪效果

7.5 / 借助明暗对比方法拍摄花卉

拍摄花卉时，我们常会使用一些对比方法，在增加照片整体美感的基础上，让主体更为突出。常用的对比方法有色彩对比、明暗对比等。

借助明暗对比的拍摄方法，使花卉的背景变得干净、简洁，使花卉得到突出体现。

具体拍摄时，我们可以选择相机自身的点测光功能，对场景中亮部区域的花卉主体进行测光，保证花卉主体曝光准确的基础上，较暗的周围环境也会被压得更暗，画面中就会出现强烈的明暗对比，照片整体更为简洁。

借助明暗对比方法拍摄花卉主体，花卉主体明亮清晰，背景被压暗，照片主体突出，画面效果更为简洁

7.6 / 如何让花卉颜色更加鲜艳

我们在拍摄花卉时，有时候原本很艳丽的花朵，拍摄出来的照片却色彩暗淡，如何拍摄出更加鲜艳的花朵照片呢？请看以下几点。

1.对花卉主体进行测光。拍摄时，为使花卉主体色彩艳丽，我们首先要保证花卉主体曝光准确，因此，在实际拍摄中，需要对花卉主体进行测光。

2.适当降低曝光补偿。如果拍摄的花卉照片色彩不够浓郁，适当减少一点曝光补偿，可以让花朵色彩更浓郁。

3.选择适合的颜色搭配。若想要花卉色彩更鲜艳，我们可以使用色彩对比的方法，观察环境中花卉主体颜色，选择与其搭配在一起色彩感强烈的颜色环境。实际拍摄中，我们可以利用仰视角度，让天空作为背景，让花朵与天空的蓝色一起拍摄，画面整体简洁，当遇到一些颜色与蓝色为对比色的时候，画面视觉效果更强烈。

拍摄粉红色荷花时，选择绿色的荷叶为背景，红色的花朵在绿色叶子的衬托下显得更艳丽

7.7 / 如何增强花卉主体的纹理与质感

　　由于花卉的品种不同，质感、纹理也会有所不同，当我们想要展现它们的质地时，除了使用前侧光外，侧光或后侧光也是非常不错的选择，并且后侧光除了可以突出花卉的纹理质感外，还可以使花卉表现得更加清新、唯美。

　　后侧光，简单来说，就是光线在主体侧面稍微偏后的位置，光线又达不到侧逆光。选择此角度，花卉面向我们的受光面会占一小部分，而背光阴影区域会占一大部分，从而形成明暗区域的反差，并且光线越强，这种明暗区域的反差也就越明显。不过，由于花卉的品种和质地不同，有些花卉的花瓣很薄，太阳光可以轻松地穿透花瓣，使花卉展现出一种晶莹剔透的效果，并且花瓣上也会产生淡淡的阴影，增加画面的层次感。

光线来自荷花主体侧后方的位置，照片中出现柔和的明暗过渡关系，荷花花瓣在光线照射下，层次丰富，质感增强

7.8 如何拍摄大场景花卉主题

面对成片出现的大场景花卉时，应该如何运用光线拍摄出精彩、震撼的花卉作品呢？我们可以从以下几点着手。

1.选择评价测光，对整个环境进行测光。在拍摄大片花卉时，场景较大，因此选择评价测光，可以更好地对取景中的环境进行测光，从而让整体曝光准确。

2.选择适合的光线。拍摄大片花卉时，我们并不一定要局限于某一光线角度或者天气，在实际拍摄时，可以选择不同光线方向进行拍摄，从而体验光线对环境的影响。

3.站得高，看得远。在拍摄花海的时候，我们可以选择高一些的位置，拍摄更大面积的花海，照片给人放眼望去，花海尽览的感觉。

逆光环境下拍摄成片的薰衣草，在逆光照射下，薰衣草呈现出独特的半透明效果，画面整体层次丰富，光影效果很唯美

选择较高的位置俯视拍摄向日葵花海，扑面而来的花朵给人很震撼的效果

7.9 / 如何让花卉背景出现迷人的光斑效果

在拍摄花卉时，可以借助背景中的反光或者树叶间的缝隙光，为画面营造迷人的光斑效果。通常，我们会在以下几种场景中，为照片营造迷人光斑。

1.拍摄水中花卉时，可以借助水面反光，形成光斑效果。在此场景中拍摄时，可以选择花卉主体背后水面有反光的场景进行拍摄。

2.拍摄花卉时，背景中有树叶间隙，可以选择仰视角度，借助镜头与光圈的虚化效果，将背景中透过树叶缝隙的光线，虚化成迷人的光斑。

3.背景中有许多晶莹水珠，借助拍摄技巧，虚化背景，画面中形成点点光斑。

选择水面为背景，并使用长焦镜头，设置大光圈拍摄，背景中的水面反光被虚化成点点光斑，画面很梦幻、唯美

摄影用光之小饰品与美食题材实拍训练

　　朋友圈里很多人都喜欢晒美食、晒精美小礼品，不过有的人拍的照片会非常有吸引力，哪怕是原本很平常、普通的小物件，在拍摄者用光线精心雕刻之后，成为一张极具美感的摄影作品；而有些原本很精美的食物、饰品，在拍摄者随意拍摄之下，却丧失了实物原本的光彩。这其中的差别，有很大一部分就源自于对光线的把控。

　　本章，我们将从用光角度了解如何在静物摄影中，拍好美食与小饰品。

第8章

8.1 / 如何在室内自然光环境下拍好美食

在室内拍摄美食的时候，我们会在一些采光较好的环境中进行拍摄，这些采光较好的环境中，主要光线是来自于太阳照射进屋子的自然光。

具体拍摄时，可以将美食放在窗户旁边，让透过窗户照射进屋子的光线直接照射在美食主体上，为避免直射进来的光线太过强烈，可以将浅色透光性不错的窗帘拉起来，对强光进行柔化，这样美食主体表面受光更加均匀。

当然，在室内进行拍摄时，为保证画面曝光准确，也可以适当提高相机感光度。

在室内自然光下拍摄时，可以适当提高相机感光度，让照片整体曝光准确

将美食放在窗户边，将透过窗户照射进来的自然光作为主光，这样一来，在室内也可以借助自然光，拍摄出好看的美食作品

8.2 / 如何让静物作品立体感更强烈

拍摄美食时，选择恰当的用光技巧进行拍摄，拍摄出来的照片的立体感可以更加强烈。

实际拍摄中，可以选择侧逆光或者斜侧光，选择这两种用光方法，画面中主体前方或者侧后方会出现明显影子，照片在光影变化中，空间感与立体感得到增强。

具体操作时，如果是室内灯光处在桌子正上方，可以将美食放在桌子边缘，尽量形成侧光或者侧逆光的用光角度。

选择侧逆光角度拍摄静物主体，主体受光面明亮清晰，在主体的背光面出现轮廓清晰的阴影。画面中明暗关系也会强烈起来，在明暗对比影响下，照片立体感得到增强

8.3 / 如何让静物作品现场感与质感强烈

　　所谓现场感，简单来说，就是在观看一张照片时，照片可以给观看者身临其境的感觉，通过欣赏照片，观看者可以想象到现场的光线、色调、环境等情况。需要注意的是，在表现现场感的时候，尽量不要使用闪光灯，避免闪光灯的光线破坏原环境中的光线与色调氛围。

　　质感，简单来说，就是指借助恰到好处的布光，被拍摄主体的材质可以在照片中得到更为精致细腻的表现，使观者看到照片就有如同触摸到主体的感觉。

　　通常，在表现一些主体或者背景质感的时候，可以根据主体实际材质选择适合的用光方法。比如：表面比较粗糙的木和石，拍摄时用光角度宜低，多采用侧逆光；瓷器宜以正侧光为主，柔光和折射光同时应用，在瓶口转角处保留高光，在有花纹的地方应尽量降低反光；皮革制品通常用逆光、柔光，通过皮革本身的反光体现质感。

拍摄餐桌上的美食时，可以将美食正上方的室内灯光作为主光，选择顺光角度俯视拍摄美食，在灯光映衬下，美食色彩与质感都可以得到更为细腻的表现

8.4 / 如何避免食物照片偏暗不够亮丽

拍摄诱人的美食时，美食本身的色彩也是拍摄的重点，拍摄时若是用光不准确，便会出现美食照片偏暗，色彩不够亮丽的情况。

具体拍摄时，为了避免此类问题出现，通常，会从以下几点考虑。

1.选择光线充足的环境拍摄。具体拍摄时，尽量选择光线照射较充足的环境拍摄。若是遇到在一些光线不是很充足的场景中拍摄时，可以借助周围的灯光进行补光拍摄。

2.适当增加曝光补偿。在一些光线柔和的环境中拍摄时，可以适当增加曝光补偿，这样照片可以更加明亮，色彩也可以得到更好的表现。

拍摄色彩诱人的美食时，借助灯光为美食补光，并适当提高曝光补偿，照片中美食的色彩更显艳丽

8.5 / 如何逆光拍摄静物美食

　　静物美食摄影中，为了让静物美食的特点更加突出，我们常常会选择逆光角度进行拍摄，也就是将主光源放在主体的后方，相机在主体前方进行拍摄。

　　具体拍摄时，可以选择逆光角度，多拍摄练习，并观察照片实际效果，掌握主光源在逆光位置不同高低位置对画面的影响，从而摸索到最适合的布光。另外，在选择逆光角度拍摄静物美食时，不要局限于逆光，还可以尝试侧逆光角度拍摄。

　　需要注意的是，在选择逆光角度拍摄时，主体前方会出现阴影，导致静物主体前方细节丢失，因此在实际拍摄中，可以使用反光板形成辅助光，避免静物美食主体阴影的出现。

选择逆光角度拍摄时，为美食前方适当增加反光，质感粗糙的美食主体背光区域的细节得到清晰表现，画面整体质感也会得到增强

拍摄表面有油迹的牛排，选择逆光角度，美食受光面明亮的反光与背光面的阴影形成明显的过渡，照片在明暗关系影响下，立体感更加强烈

8.6 / 如何更全面细腻地表现小饰品的细节

拍摄静物主体时，若是想要更全面细腻表现主体的细节特点，可以从取景用光方面着手。

1.静物取景时，观察静物主体的形状、颜色等特点，选择适合的摆放方法，然后拍摄、表现其特点；在拍摄一些饰品的时候，也可以让模特带上饰品，更直观地表现饰品佩戴后的效果。

2.在用光方面，若是想要让静物主体细节得到更全面细腻的表现，就需要避免主体上出现阴影。具体拍摄时，可以选择较为柔和的斜侧光作为主光，将反光板反射的光线作为辅光，对主体进行照射用光，这样静物主体受光更加均匀。

拍摄饰品时，可以让模特带着饰品，选择柔和的侧光进行拍摄，饰品细节可以得到更为细腻的表现

8.7 / 如何拍好白色物品

　　拍摄静物时，常常会遇到一些白色的主体，在拍摄这些白色静物时，为了让照片曝光更准确，画面更美观，我们需要注意以下几点。

　　1.背景选择，实际拍摄中，因为主体是白色，我们可以布置浅色或者白色背景，让照片呈现出高调效果，从而表现白色主体的洁白。

　　2.适当增加曝光补偿。拍摄白色主体时，尤其是在选用了浅色或白色背景的时候，增加曝光补偿，可以让照片曝光更加准确。

　　另外，在拍摄白色物体时，也可以选择黑色背景，借助侧光的方法，为画面营造强烈的明暗对比效果。

拍摄白色主体，并选择白色背景的时候，适当增加曝光补偿，画面显得更洁白、高调

8.8 / 如何拍好黑色物品

与拍摄白色物体相似，我们想要拍摄出好看的黑色物体照片，在实际拍摄中，也需要考虑以下几点。

1. 选择黑色或者深色背景，画面出现大面积深色，我们可以打造低调效果的作品。

2. 减少曝光补偿。拍摄黑色主体时，相机的测光会出现偏差，导致曝光不准确。因此，在拍摄黑色静物主体的时候，需要适当减少曝光补偿，让照片曝光更准确，这样也可以让黑色主体细节表现更清晰、细腻。

3. 拍摄黑色主体时，我们也可以选择白色背景，借助对比关系，让黑色主体更加突出，具体拍摄时，我们可以选择评价测光，对整个场景测光，从而保证照片整体曝光准确。

选择黑色背景拍摄黑色静物主体时，适当减少曝光补偿，黑色物品会显得更黑

拍摄白背景中的黑色主体时，使用评价测光进行测光，可以获得准确的曝光

8.9 / 如何在展馆内拍出清晰的静物照片

通常，在博物馆或者其他展馆内拍摄时，现场是禁止使用闪光灯的，也就是说，我们只能借助现场布展的灯光进行拍摄。若想让拍摄的照片清晰，曝光准确，恰当的曝光参数至关重要。具体拍摄时，我们可以这么办。

1.设置曝光参数的时候，让感光度高一些；根据展品具体大小选择最佳光圈，尽量保证照片有足够的景深；快门速度最好高于安全快门，确保照片整体清晰。

2.在展厅内拍摄时，光线方向、强弱等都是固定好的，我们在拍摄时，可以做的就是多变换拍摄位置，选择最佳拍摄角度进行拍摄。

另外，很多展品放在玻璃柜内，这就意味着，在实际拍摄过程中，还需要避免玻璃表面出现的反光。

在展馆内拍摄时，适当提高感光度，选择合适的光圈，快门速度比安全快门高一些，这样，展品可以清晰地展现在画面中

摄影用光之人像
题材实拍训练

　　人像摄影是整个摄影题材中必不可少的一部分，如何在人像摄影中运用好现场光线，便成了拍摄时急需解决的问题。

　　本章，我们将从室外自然光线、室内环境光与人造光几个方面着手，简单了解人像摄影中常会用到的用光技巧。

第 **9** 章

9.1 / 人像摄影中如何测光

在拍摄人像题材时，若是想让照片曝光准确，准确测光至关重要。实际拍摄中，我们可以从以下几点着手，了解人像摄影中的测光技巧。

1.选择适合的测光模式，简单来说，就是在实际拍摄中，根据人像取景构图以及周围光线状况，选择最佳测光模式，比如将人像主体放在画面中央位置时，可以选择中央重点平均测光模式，对中央人像主体测光。

2.对人像面部进行测光。在拍摄人像时，为保证照片中人像曝光准确，实际拍摄中，我们尽量将测光区域放在人像面部，从而尽可能保证人像面部曝光准确。

拍摄人像题材时，可以对人像面部区域进行测光，从而保证照片中人像曝光准确

拍摄人像时，将人像主体放在画面中央位置，可以使用中央重点平均测光进行拍摄

9.2 / 室外拍摄人像如何选择拍摄时间

　　在室外自然光下拍摄人像时，需要主要考虑的因素，便是自然光状况，也就是拍摄时，太阳光的强弱、方向等。太阳光线的强弱和方向的变化我们是无法控制的，但我们可以根据一天中的光线变化，选择最佳拍摄时机。

　　抛开阴云天气不说，晴朗天气下，比较适合拍摄的时间段就是上午和下午了。上午时间大概是从8点到10点，下午则是从3点到5点。因为这两个时间段，光线充足的同时，又不会过于强烈，而且一定的照射角度，可以让人像光影变化更为丰富，也就更能表现出画面的立体感。

　　实际拍摄中，我们可以根据想要表现的画面效果，选择合适的拍摄时间。

傍晚拍摄人像时，在光线映衬下，画面呈现出暖色调的画面效果，人像照片更显温馨

选择上午8点到10点的时间段拍摄人像，此时光线充足明亮，却不强烈，在这种光线照射下，模特肌肤更显白净、细腻

9.3 / 如何在晴天强光环境下拍摄人像

　　在晴朗的天气环境下拍摄人像照片时，现场光线强度大，且方向性明显，如果不采取一些技巧，会得不到满意的效果。具体拍摄时，我们可以从以下几方面着手。

　　1.避开太阳直接照射到的地方进行拍摄。也就是说，实际拍摄时，我们可以选择一些有阴影的场景进行拍摄，比如，在树荫下拍摄人像，这时候需要多加留意现场中影子的状况，避免明暗交替的影子出现在人物面部，造成难看的黑白斑点。在阴影中拍摄时，尽量使人像受光更加均匀。

在晴天拍摄人像的时候，可以选择光线较为柔和的树荫中，这样人像受光更为均匀，照片曝光也会更柔和些

　　2.选择一把半透明的伞作为道具。简单来说，就是准备一把半透明的遮阳伞，半透明的伞就好比天空中的云层一样，可以有效地过滤强烈的太阳直射光线，使伞下面形成柔光的环境，这样便可以避免强烈的阳光照射，使人物面部的受光更均匀，人物的皮肤等细节特征得到很好的呈现。

　　3.借助反光物体补光。在晴天光线强烈的时候拍摄人像，可以寻找环境中的反光物体，比如镜子、玻璃、湖面、海滩上的沙子、白色墙面、浅颜色的衣服等，我们可以试着让模特配合这些反光物体，摆出一些造型，借助反光物体为人物面部补光，从而得到人物面部曝光适度的人像作品。

强光下拍摄人像时，选择一把浅色的遮阳伞，借助伞的柔光效果，人像主体面部受光更均匀，照片整体曝光更准确

在晴朗天气拍摄人像时，可以选择周围反光性强烈的物体作为反光板，为人像进行补光，这样人像照片也会受光均匀

9.4 / 如何借助反光板给人像补光

除了可以借助周围景物的反光进行拍摄之外，我们还可以利用反光板为人像补光。

反光板其实就是一块表面附有高反射物质的轻便薄板，价格也非常实惠，可以说是最具有性价比的反光工具了。通常我们使用的反光板大都是圆形的，不过有大小的差异，我们可以根据拍摄需要来选择反光板的大小。另外，反光板也有不同的颜色供我们选择，常用的颜色有白色、银色和金黄色。具体选择哪种颜色，这需要我们根据自己的拍摄需求而定。

在实际拍摄时，反光板的应用非常简单，只要我们确定光源的位置，利用反光板的反光面对自然光进行反光，利用这种反光来为人像进行补光即可。反光板可以有效地为阴影区域进行补光，使背光面的细节在画面中也可以很好地表现出来。

在光比差别较大的环境中拍摄人像时，借助反光板为人物面部补光，可以获得光照均衡的画面效果

没有使用反
光板，画面
中人像面部
黑暗，照片
的整体曝光
很糟糕

使用反光板
对人像进行
补光

借助反光板，为人像面部
进行补光，人像主体面部
变得明亮起来，主体与背
景细节都得到清晰表现

9.5 / 如何在阴雨天的柔和光线下拍摄人像

　　当然，除了在晴朗天气拍摄人像外，我们也可以在阴天或者雨天拍摄人像。通常，阴雨天时自然光线为散射光，光线柔和，选择这种天气状况拍摄人像时，人像受光均匀，不会出现明显的阴影，人像主体细节可以得到更清晰的表现。

　　实际拍摄中，在阴雨天拍摄时，我们可以对人像面部进行测光，从而确保人像主体曝光准确。

在阴雨天拍摄人像时，对人物面部进行测光，人像作品的曝光更准确

阴天光线柔和，选择此时拍摄，人物整体表现得更为清新、柔美

9.6 / 如何让美女的皮肤更白皙

　　对于我们黄种人而言，皮肤是否白皙是评判一个女人是否长得美的一个很重要的标准，所谓"一白遮百丑"就是这个意思。而对于人像拍摄而言，恰当的过度曝光可以让人物的皮肤显得更加白嫩。所以在美女人像的拍摄中，为了让美女的皮肤更好看，可以选择稍微过一点的曝光。

　　一般来说，阴天的散射光或者顺光更适合拍摄这样的画面。如果前期拍摄没有达到理想的效果，可以在后期适当增加一点曝光，从而得到皮肤白皙的美女照片。

阴天环境下拍摄人像时，可以适当增加曝光补偿，这样人物肤色更显白皙，照片整体更加清新自然

9.7 / 如何更好地表现人像的面部细节

在拍摄人像照片时，如果要想表现人物的表情、皮肤、衣着等细节，可以在顺光环境下拍摄。将相机的拍摄方向与光线的照射方向一致，让想要表现的一面可以完全处于光线的覆盖范围内，这样就可以使人像的各个细节都可以得到很好的体现了。而由于顺光使人像表面的受光非常均匀，照射面积大，因此在实际拍摄中可以选择评价测光进行拍摄。

在顺光环境下拍摄，尤其是当光线非常强烈时，我们需要适当降低1～2挡的曝光补偿，以得到曝光柔和的画面效果。有时，在顺光环境下拍摄的人像，还会因为光线过于刺眼导致双眼无神的情况，这时，我们可以让模特先暂时闭上双眼或是侧对太阳光，等要拍摄时，再让模特正视镜头拍摄，这样就可以捕捉到人像瞬间的眼神了。

另外，我们还需要注意一点，顺光拍摄使人像受光均匀，从而缺少空间立体感，使画面显得平淡。如果想要增加一些画面空间感，可以让模特稍微转变一下身体角度，使画面出现清晰的明暗区域，以此来增加空间感。还可以找一些小景物作为画面的前景，利用景别的关系来增加画面的空间感，使画面不再平淡。

选择顺光角度拍摄人像，可以让人物适当转身，这样照片中人像的面部细节可以得到很好的表现，照片也具有一些立体感，避免照片太过平淡

9.8 / 如何增强人物面部的立体感

在拍摄人像照片时，如果想要表现模特的五官特征，使模特的面部表现得更为立体，可以选择侧逆光或者侧光角度进行拍摄。

1.利用侧逆光拍摄人像。侧逆光可以对人像的轮廓进行勾画，使人像主体更加清晰地呈现在画面中。

2.侧光会在人像的身体表面留下清晰的明暗区域，这种明暗反差越强烈，立体感也就越强烈。我们可以通过调整模特面对我们的角度或是相机的拍摄角度来控制这种明暗反差。

3.选择合适的测光模式。通常，选择侧光或者侧逆光角度拍摄时，画面中会出现较为明显的明暗过渡关系。在实际拍摄时，可以根据现场环境，在保证画面整体曝光准确的基础上，选择中央重点平均测光或评价测光进行拍摄。

选择侧光位置拍摄人像，在侧光的照射下，人像面部出现柔和的明暗过渡，画面的立体感也随之增强

9.9 / 逆光下如何拍摄人像

　　一提到逆光拍摄人像，有很多人会误以为是要拍摄剪影，其实不然。如果拍摄角度、测光和构图等拍摄技巧运用正确，逆光拍摄的人像可以得到清新、亮丽的画面效果，在拍摄美女人像时，女人的飘飘长发是很具有吸引力的画面元素；利用逆光拍摄，可以将美女人像的头发质感表现得更突出，发丝像是散着发金色的光芒一样非常迷人。同时，柔和的光比效果也让画面显得更为自然。

　　在逆光环境拍摄人像时，要想得到人像正面清晰的照片，测光是非常重要的。测光不恰当时，画面就可能出现剪影效果。一般在逆光环境下，数码相机的点测光或中央重点平均测光是比较常用的测光模式。由于模特背对着光源，我们需要准确地对人像面部进行测光，而点测光和中央重点测光的测光范围都比较小，所得到的测光结果会更加精确。

逆光拍摄人像时，背景中的强光很绚烂，画面的整体艺术感增强，照片看起来更梦幻

选择逆光角度拍摄人像时，可以拍摄出剪影效果

9.10 / 如何为人像增加眼神光

在拍摄美女人像时，除了白皙的皮肤和飘飘长发可以表现女性独特的魅力之外，眼神光的运用也可以使画面更具吸引力。通常，眼神光可以增加画面的趣味点，让模特的眼睛更加明亮，使欣赏者被人像的眼神所吸引。制造眼神光的方式有很多种，最常用的便是利用数码相机的机顶闪光灯来得到眼神光。

在实际拍摄时，通常是要在一个逆光的环境下来制造眼神光，因为在顺光环境下拍摄，很容易使人像曝光过度。在逆光环境下，模特背对着光源，面部朝向相机，背光的面部与光源会形成强烈的明暗反差效果，此时使用机顶闪光灯对模特的背光面进行补光，便可以制造出明亮的眼神光效果了。在实际拍摄时，闪光灯会根据相机的自动测光结果来完成闪光亮，拍摄完成后，我们可以通过相机的显示屏回放查看照片，以便随时调整曝光组合，使画面的曝光更加准确。

使用闪光灯，为模特添加眼神光，照片中的模特更加生动，照片更具神韵

9.11 / 室内拍摄时光线不足怎么办

在室内拍摄人像时，首先要做的便是分析屋内的光线状况，比如光线充不充足，室内存在什么灯光，窗户外的光线强度如何。在对室内光线状况有了大致的了解以后，我们可以通过一些用光技巧，解决室内光线存在的问题。通常，在室内拍摄时面对最多的便是室内光线不足的情况。对于这一问题，可以从以下几个方面着手解决。

1. 白天，靠近光线照射进来的窗户。白天室外的自然光透过窗户照射进室内，可以选择窗户边光线充足的位置进行拍摄。

2. 借助室内灯光、烛光进行补光。在夜晚或者室内采光不好的位置拍摄时，可以借助室内灯光或烛光，为人像主体补光，从而使照片的曝光准确。

3. 借助闪光灯进行补光拍摄。在室内光线不足的情况下，也可以直接使用机身闪光灯或者外置闪光灯为场景进行补光。

在室内拍摄人像时，可以借助烛光为人像面部照明，从而让人像更亮一些，使画面整体曝光准确

在室内拍摄人像时，若是光线不足，可以使用闪光灯为场景补光，从而让照片曝光准确

9.12 / 如何利用窗外光线拍摄人像

在室内拍摄时，有时候我们会选择在窗户边，借助透过窗户照射进室内的光线进行拍摄。不过，在晴朗天气我们会发现，透过窗户的光线太强，导致画面中出现强烈的明暗关系，使得人像的细节出现丢失。当遇到这一问题时，我们可以将浅色窗帘适当拉上，从而使照射进室内的光线更加柔和。

另外，在窗边拍摄时，会发现照射进屋子的光线方向性较强，这时可以选择不同的光线角度进行拍摄，比如增强立体感的侧光、增强艺术感的逆光、表现细节的顺光等。

在室内窗户边拍摄人像时，可以拉上浅色的纱帘，光线在纱帘的遮挡下变得柔和了许多

9.13 / 如何利用明暗对比拍摄背景简洁的人像照片

所谓明暗对比，就是指利用画面中明暗亮度不同的区域进行对比，从而产生强烈的视觉感受。在明暗对比的画面中，亮部区域往往是最吸引人的，而被压暗的暗部区域，则会起到突出亮部主体的作用。

在拍摄人像照片时，我们可以利用这种明暗对比的效果来诠释画面，让人像主体表现在画面的亮部区域，使观者可以第一时间被人像吸引；而暗部区域既可以起到突出主体的作用，也可以简化背景，让照片更干净、简洁。

人物主体在比较亮的位置，对人物测光拍摄。背景由于曝光不足呈现暗调，主体与背景形成明暗对比，从而达到突出主体的目的

9.14 / 在咖啡厅中如何拍摄人像

　　除了家庭环境外，有时也会在一些餐厅、咖啡厅的环境中拍摄人像。在这些环境中拍摄人像时，可以借助周围环境来构图，照片更显清新、文艺。

　　这里我们选择咖啡厅的环境，简单了解一下在此环境中如何更好地借助室内光线来拍摄。具体拍摄时，我们先要分析室内光线，确定屋内的主光源，并针对主光源选择适合的用光技巧。

　　需要注意的是，在咖啡厅拍摄时，尽量不要使用闪光灯补光，以免强烈的闪光灯光线破坏场景中的现场光线，从而导致照片的现场感不足。在光线并不是很充足的情况下，可以使用适当提高感光度的方法，让照片曝光准确、现场感增强。

在咖啡厅内拍摄人像时，选择光线较亮的位置进行拍摄，拍摄过程更顺利，结合室内装饰，人像作品更加精彩

9.15 / 结合影子一起拍摄

在人像摄影中，也可以拍摄人物的影子。影子的来源可以是摄影者自己，也可以是朋友或者环境中的其他景物。为了让画面更好看，主角的姿态要尽量夸张，双手最好能够与身体分开。选择干净的背景，可以让画面显得更为简洁，影子也就更容易突出。

在实际拍摄中，若是单独对影子进行测光，照片中其他的亮部区域会出现曝光过度的问题，因此最好选择评价测光，这样画面的曝光更准确。

让人物摆出造型独特、有趣的姿势，拍摄人物的影子，也是不错的选择

摄影用光之动物
题材实拍训练

拍摄动物题材时，可以对身边的宠物进行拍摄，也可以选择动物园中的动物进行拍摄。对于初学者来说，如何在不同光线条件下拍摄动物，也是急需解决的问题。

本章我们就一起来了解动物摄影中常会遇到的用光问题。

第 **10** 章

10.1 / 室内光线不足时如何拍摄

在室内拍摄宠物时，光线不足是比较常见的问题。在实际拍摄中，我们可以从以下几个方面着手解决室内光线不足的问题。

1.适当提高感光度。通过适当提高相机感光度的方法，可以在光圈、快门速度一定的情况下有更多的光线进入相机。

在室内拍摄宠物时，增加感光度，可以让照片更明亮一些，画面的现场感也会更强

2.选择室内采光较好的位置进行拍摄。在室内拍摄时，可以选择阳光可以照射到的地方进行拍摄，比如窗户旁边、门口等。这些地方，阳光通常可以直接照射，光线充足，拍摄起来也会更加轻松。

3.在室内拍摄时，可以借助室内光源进行补光拍摄。比如，我们可以选择在台灯等光源旁边进行拍摄，这样一方面解决了光线不足的问题，另一方面还可以给室内环境增添现场感。

在室内拍摄宠物时，可以选择在自然光线可以照射到的地方进行拍摄，从而使宠物照片曝光准确

借助室内的灯光拍摄宠物猫时，在室内光源的照射下，可以轻松获得画面清晰的照片

10.2 / 在室内拍摄动物时如何使用闪光灯

在室内拍摄时，除了采用寻找光线较充足的地方、借助室内光源补光以及提高感光度的方法拍摄以外，我们还可以借助闪光灯进行拍摄。

闪光灯，可以简单地分为内置闪光灯和外置闪光灯。顾名思义，内置与外置就是指闪光灯与相机是否为一个整体，内置闪光灯是指相机本身自带的闪光灯，外置闪光灯则是与相机分离的。

在借助闪光灯补光时需要注意的是，闪光灯闪光时光线强烈，如果直接对宠物进行闪光，有时会惊吓到它们，强烈的闪光有时会损害宠物的眼睛。因此，在使用闪光灯时应该避免直接对准宠物进行闪光。

具体拍摄时，反射闪光法是比较好的方法。具体操作时，将闪光灯闪出的光照射到墙壁或者反光板上，再借助墙壁或反光板的反射作用，将光线照射到宠物身上，从而进行补光拍摄。

另外，我们还可以为闪光灯安装柔光罩，从而使闪光灯闪出的光线更加柔和，避免闪光灯的强烈光线直接照射到宠物眼睛。

在光线并不是很充足的环境中拍摄宠物，可以使用反射闪光的方法为场景补光，从而让照片曝光准确

10.3 / 在动物园内拍摄如何避免玻璃反光

　　在动物园内拍摄动物时，经常需要隔着玻璃墙拍摄里面的动物；玻璃墙会像一面镜子，照出拍摄者和游人的影像，导致画面比较杂乱。

　　在遇到这样的问题时，我们可以采用以下方法来解决。

　　1.变换拍摄角度，选择反光最小或者没有反光的位置进行拍摄。

　　2.简单直接的方法就是将相机镜头贴在玻璃上拍摄里面的动物，这样就不会存在反光问题了。

　　3.在以上两种方法都无法解决问题的时候，我们可以借助偏振镜来拍摄，从而避免玻璃的反光问题。

隔着玻璃拍摄动物时，由于玻璃的反光，反射出游客的影像

透过玻璃拍摄动物时，可以适当变换拍摄角度，从而避免玻璃反光现象的发生

10.4 / 如何让动物周围的毛发形成轮廓光

拍摄宠物以及其他动物时，经常会用逆光或侧逆光的角度进行拍摄。

从实际拍摄效果来说，逆光拍摄可以简单分为两种：一种是对长有毛发的动物来说，通过逆光效果表现动物毛发在光线照射下的通透与光芒四射；另一种则是对没有毛发的动物来说，通常会拍摄这些动物的轮廓剪影，从而增强照片的艺术美感。

选择侧逆光角度拍摄安静的鸟儿时，在光线照射下，鸟儿周边的毛发出现轮廓光，画面的艺术效果增强

采用逆光拍摄宠物狗，狗狗边缘的毛发出现明显的轮廓光，画面的视觉效果更精彩

10.5 / 如何拍摄浅色或白色的动物

　　在动物摄影中，常会遇到一些毛发洁白的动物，针对这些颜色较浅或者是白色的动物，在实际拍摄时可以适当增加曝光补偿，从而让动物的毛发显得更加洁净。具体拍摄时，增加曝光补偿应适量，避免曝光过度，导致照片中动物亮部区域细节丢失。

　　另外，在一些明暗关系强烈的场景中拍摄浅色或白色的动物时，若是光线照射在动物身上，我们可以选择点测光，并对动物主体测光，这样，周围较暗的环境可以被压暗很多，画面中出现强烈的明暗对比，照片更加精彩。

在明暗对比强烈的环境中拍摄动物时，可以对动物主体测光，从而得到主体清晰、背景黑暗的对比效果

拍摄行走在雪地里的北极熊时，可以适当增加曝光补偿，让照片更加亮白、干净

10.6 / 如何保证高速快门下照片曝光准确

在动物摄影中，有时候会拍摄一些高速运动的动物，为了清晰地抓拍到精彩瞬间，通常会选择较高的快门速度。具体拍摄时，要在增加快门速度的同时，适当提高相机的感光度，从而保证照片曝光准确。

不过，光线不足时通过调高感光度来提高快门速度的方法，也会导致照片的画面中噪点增多。这就好比鱼与熊掌不可兼得，在使用该方法获得高速快门的同时要以牺牲画质为代价。实际拍摄中，我们可以开启数码单反相机的"高ISO感光度降噪"功能，从而尽最大可能控制噪点。

在拍摄飞奔的狗狗时，适当提高感光度，使用高速快门拍摄，可以定格狗狗跃起的瞬间，画面会更加精彩

摄影用光之城市建筑实拍训练

在拍摄城市建筑时，从光源角度来说，我们会在白天的自然光下拍摄，也会在夜晚城市灯光的烘托下拍摄，这也就产生了不同的用光技巧。

本章，我们将从城市建筑摄影中较为精彩的画面效果入手，一起来了解建筑摄影中的用光技巧。

第11章

11.1 / 选择什么样的天气进行拍摄

在建筑摄影中，选择不同的天气拍摄同一个建筑，其效果也大不相同。因此，在实际拍摄中可以根据想要拍摄出来的效果选择适合的天气状况。

通常，晴天时一天中自然光线变化较大。与风光摄影相同，我们可以选择在清晨或傍晚光线柔和且天空色彩绚烂的时候拍摄，也可以选择光线强烈的上午或下午拍摄。

阴雨天时，光线柔和，而且时而伴有雨水。选择此种天气拍摄时，环境中的建筑受光均匀，可以选择评价测光进行拍摄，从而确保建筑整体曝光准确。

另外，在雾天拍摄时，最好使用手动对焦，从而保证焦点在建筑主体上；拍摄雪景建筑时，可适当增加曝光补偿，让照片看起来更明亮一些。

在雪景天气拍摄建筑时，适当调高曝光补偿，可以让建筑照片更加亮白、干净

11.2 / 如何让建筑的立体感增强

在拍摄建筑时，选择不同的光线位置和不同样式的建筑，画面的实际效果都会有其自身的特点。

具体拍摄时，若是想让建筑的立体感增强，从用光方面来考虑的话，可以选择斜侧光或者侧逆光的角度。选择侧光或者侧逆光照射的建筑，场景中的建筑上会有明显的明暗过渡，建筑的周围出现明显的影子；借着影子的衬托，照片中建筑的立体感增强。

选择侧光位置拍摄建筑，建筑上有强烈的明暗光影，在影子衬托下，画面整体立体感增强

11.3 / 如何更好地表现建筑的细节

　　拍摄建筑时，若是想更清晰地表现建筑本身的细节，在具体操作时可以从以下几点着手。

　　1.选择顺光的位置。顺光照射建筑，建筑主体受光均匀，画面中不会出现明显的光影，不会导致阴影区域的细节丢失，因此，要尽量选择顺光角度进行拍摄。

　　2.选择评价测光。顺光拍摄时，建筑受光均匀，采用评价测光可以更加准确地对环境进行测光，从而让建筑主体的曝光更准确。

　　另外，在表现建筑细节时，也可以选择光线柔和的时候进行拍摄。

拍摄建筑时，选择顺光位置拍摄建筑，建筑的细节得到更加清晰的表现

选择顺光角度拍摄建筑，并使用评价测光，可以让场景中的细节更加清晰

除了以上方法外，在一些光比较大的环境中拍摄时，可以借助相机自身的HDR功能进行拍摄，拍摄一组等差曝光补偿的照片，借助相机HDR功能，合成一张亮部与暗部都可以准确曝光的作品。

也可以使用相机的包围曝光功能，拍摄三张照片，这三张照片曝光补偿呈现等差关系，比如－1EV、0EV、＋1EV曝光补偿。拍摄好三张照片以后，借助Photoshop软件的【合并到HDR Pro...】功能，将此组包围曝光照片合成为一张，合成后的这张照片，画面亮部与暗部细节都可以得到清晰表现。

需要注意的是，使用相机HDR功能或者包围曝光功能拍摄时，最好将相机放在三脚架上，确保三张照片拍摄的场景相同。

  −1EV   0EV   +1EV

借助相机HDR功能，建筑亮部与暗部细节可以得到清晰展现

11.4 / 如何表现建筑轮廓

拍摄建筑时，选择不同光位角度，可以获得不同视觉效果。这里我们主要来介绍一下，选择逆光位置拍摄建筑。具体拍摄时，可以从以下几点入手。

1.选择光线较弱的时段进行拍摄。拍摄建筑剪影效果时，为了避免逆光时光线太强烈，因此多选择光线较为柔和的时候拍摄，比如，选择在日出或者日落时进行拍摄。

2.测光方式选择。选择相机点测光，对天空中亮区域进行测光，让画面中剪影效果更为明显。

3.选择造型轮廓独特的景物进行拍摄。由于剪影效果，可以将建筑轮廓更为清楚地表现出来，因此，在拍摄时，尽量选择一些轮廓独特的建筑进行拍摄。

拍摄建筑时，选择黄昏时的逆光角度，可以拍摄出建筑唯美剪影效果

11.5 / 拍摄城市夜景的最佳时间

　　夜晚拍摄城市时，我们会选择城市车流、城市街道及街道上的景色进行拍摄。对于这些拍摄题材，掌握最佳时机与最佳时间点至关重要。

　　通常情况下，在拍摄城市夜景或者夜景中的车流时，我们多会选择晴天或者多云天气，并且将拍摄时间安排在太阳落山到天完全变黑这一时间段，也就是太阳落山后的半小时之内进行拍摄。之所以选择这一时间段，主要是因为这段时间中，天空的颜色呈现出深蓝色或者绛紫色，照片色彩艳丽，画面更加精彩，并不会像夜晚完全黑暗的天空那般，色彩阴暗。

拍摄城市夜景时，选择太阳落山后半小时内拍摄，天空呈现绛紫色与地面城市灯光结合，照片色彩更加丰富，画面也更显唯美

11.6 / 借助建筑表面的玻璃反光进行拍摄

在城市中拍摄时，我们会遇到很多表面有玻璃的建筑主体，在拍摄这些建筑时，可以选择顺光位置，结合玻璃的反光进行拍摄。建筑表面反光出来的光影也会让画面更精彩。具体拍摄时，需要注意以下几点。

1.对玻璃表面进行测光。拍摄玻璃中的倒影时，需要对镜子中的主体进行测光。

2.适当减少曝光补偿，确保照片整体曝光准确。在实际操作中，对镜子中的主体测光，照片周围曝光过度，这时候需要适当降低曝光补偿，从而让曝光更准确。

另外，在黄昏或者清晨，拍摄建筑反光时，选择逆光角度拍摄，玻璃中会出现金灿灿的光芒，画面中色彩更加丰富，照片更显饱满精彩。

拍摄建筑表面反光时，顺光拍摄，可以很好地将镜子中反射的云彩倒影拍摄出来

侧逆光拍摄建筑时，建筑表面反射金灿灿的阳光，照片整体色彩更为绚丽

11.7 / 城市夜景摄影中如何选择拍摄地点

除了选择时间之外，选择一处绝佳的拍摄地点也对照片有着至关重要的作用。

通常，在拍摄城市夜景或者城市车流时，为了拍摄更为广阔壮观的城市景观，我们多会选择一处较高的位置进行拍摄，这一位置或者是天桥这一类略高出车流的位置，或者是城市中最高建筑的楼顶，在一些靠山的城市，我们还可以选择山上较高且视野开阔的位置。另外，在条件允许的情况下，航拍也是很不错的选择。

当然，在一些临海的城市，拍摄夜景时，也可以选择较低位置，借助水面倒影进行拍摄。

夜晚拍摄城市建筑时，可以选择较高位置俯视拍摄建筑

11.8 / 拍摄城市夜景时如何选择感光度

　　在夜晚拍摄建筑景色时，环境中光线不足，拍摄过程中，借助的主要光源是城市中的人造光，比如路灯、车灯、建筑室内灯光等。若想让场景曝光准确，我们可以采用恰当的用光技巧。

　　通常，夜晚拍摄时，光线并不是特别充足，因此，在保证画面清晰的情况下，选择较高一些的快门速度时，需要提高感光度，从而确保照片曝光准确，比如手持拍摄建筑景色时，经常会提高感光度。

　　当然，在使用慢速快门拍摄时，为保证画面画质清晰，我们尽量选择最低的感光度。

夜晚手持相机拍摄建筑时，可以适当提高感光度，从而确保手持拍摄时，画面清晰

使用慢速快门拍摄夜景建筑时，可以将感光度调到最低，保证画质细腻

11.9 / 拍摄夜景时需要准备的器材

拍摄夜景时，我们需要准备一些器材，从而让拍摄更为顺利。

1. 三脚架。夜景拍摄最大特点便是使用相机慢速快门进行长时间曝光，因此，若是手持相机拍摄，照片中的主体会模糊不清，为了确保拍摄出来的画面主体清晰，便需要使用三脚架稳定相机。

当然，若是没有来得及准备三脚架，我们还可以借助周围环境中存在的一些物体对相机进行稳定。比如，在拍摄时，可以将相机放在摄影包上进行拍摄，选用并不是很慢的快门速度时，可以借助周围护栏或者树木支撑，确保短时间内相机稳定。

三脚架

2. 快门线或者遥控器。除了三脚架之外，在拍摄之前也需要准备一款适合自己机身的快门线或者遥控器。

为何选用快门线，主要有以下两点。

1. 将相机固定在三脚架上后，用手按下快门按钮的瞬间，相机会产生非常细微的抖动，导致照片出现模糊。可以将快门线连接到相机，通过快门线触发相机的快门，避免按下快门按钮时抖动产生的问题。

2. 通常情况下，相机中可以设置的最慢快门速度为30s，若是想要获得更长的快门速度，我们便需要使用相机的B门拍摄模式，并借助快门线的快门锁定功能，进行长时间曝光。因此，准备适合的快门线，也是为了在应对一些夜景题材拍摄中，可以更为方便地进行拍摄。

快门线

遥控器

11.10 / 长时间曝光拍摄城市夜景

拍摄城市夜景时，我们最常用的拍摄方法便是长时间曝光。所谓长时间曝光，简单来说，就是使用长时间的快门速度进行拍摄。具体拍摄时，我们需要注意以下几点，以保证长时间曝光作品曝光准确。

1.选择三脚架稳定相机，连接快门线。之前准备的三脚架与快门线派上用场，我们将相机稳定在三脚架上，并且连接快门线，确保长时间曝光，照片清晰。

2.将感光度调到最低。选择最低感光度，可以避免长时间曝光时出现的噪点，从而保证画面细腻。

3.使用小光圈。使用小光圈一方面可以让画面获得更大的景深范围，另一方面，可以让曝光时间更长一些。

4.手动对焦，对建筑主体进行准确对焦。在夜晚拍摄城市建筑夜景时，可以选择手动对焦，将焦点对准建筑主体，画面更显清晰。

使用长时间曝光拍摄建筑夜景时，可以将焦点手动对在建筑主体上，选择小光圈，并且调低感光度，这样可以让画面整体效果更精彩

11.11 / 如何拍摄出星芒效果的城市夜景

在拍摄夜晚灯光时，使用小光圈拍摄时，场景中较为明亮的灯光，会在画面中呈现出星芒效果。在实际拍摄中，我们可以借助这一特点，为画面营造出星芒璀璨的效果。具体拍摄时，为了使画面中星芒效果更加明显，可以从以下几点着手。

1.尽量选择路灯密集的街道。拍摄星芒效果的夜景照片时，拍摄地点的选择非常重要。最好选择路灯较密集的街道进行拍摄，这样照片中的星芒比较多，画面会显得更加饱满。另外，当天空还没有完全黑的时候拍摄星芒照片，强烈的冷暖对比也会使照片产生更强的视觉冲击力。

2.使用小光圈。拍摄星芒效果时，小光圈的使用是最关键的技术运用。这是因为，光线在通过小光圈的镜头时发生了衍射，所以高光点周围形成了线条状的光芒。一般来说，使用f/11的小光圈拍摄时，画面中就开始产生星芒，更小的光圈形成的星芒会更明显。

3.使用星光镜。星光镜，是一种比较特殊的滤镜，其镜片雕刻着不同类型的纵横线型条纹。借助此滤镜拍摄夜景灯光，场景中的灯光放射出特定线束的光芒，以达到光芒四射的效果，从而增强夜景作品的星芒效果。

使用小光圈拍摄夜景中的路灯灯光，画面出现明显的星芒效果

11.12 / 如何拍摄出迷人的光斑效果

　　在拍摄城市中的夜景时，我们还可以借助焦外成像的原理，拍摄出绚丽迷人的光斑效果。实际拍摄时，将焦点放在近处的空气中，当然也可以在近处寻找主体，这样远处的灯光被虚化，从而形成虚幻的光斑效果。

　　在实际的拍摄中，将焦点放在越近的位置，远处的灯光变成光斑的效果就越明显，镜头的光圈开得越大，效果也越明显。而光斑的大小视灯光的大小、亮度和距离以及镜头光圈的大小而定，灯光越大、越明亮，光斑效果就越明显。灯光距离焦点的距离，一般为2米到20米的话比较合适，太近的虚化程度不够，而太远的则光斑效果不明显或者太小。

拍摄夜景时，使用虚焦的方法，画面中可以出现点点光斑，画面非常浪漫、梦幻

11.13 / 如何在立交桥上拍摄车流

　　夜景拍摄之中，无论是大街上孤寂的街灯、马路上繁忙的车流，还是商铺里闪烁的霓虹灯，都可以为拍摄带来很多惊喜。这里我们主要了解一下如何拍摄城市中的夜景车流。具体拍摄时，主要是使用慢速快门，在慢速快门拍摄下，画面中出现一条条亮丽的车流轨迹，如同丝带般曼妙美丽。

　　为拍摄出精彩的夜景车流轨迹，我们需要从以下几点着手。

　　1.设置10～20秒的快门速度。快门速度是拍摄车流光轨时最重要的技术设定，它决定了照片中光轨的长度以及连贯程度。如果快门速度太短，车灯在画面中形成的轨迹就会一段一段的不连贯。一般而言，当快门速度达到10～20秒时，车灯在画面中形成的线条会比较连贯、好看。

　　2.选择车流较大的位置。通常，我们会选择车流量较大的立交桥，十字形的交叉路口进行拍摄。当然，在一些低角度，我们也可以选择车流量大的路边拍摄。

选择车流量大的立交桥进行拍摄，画面中，车流轨迹更加明显，画面中形成绚丽的丝带

拍摄城市车流时，可以选择车流较大的路边，仰视拍摄，画面空中形成美丽的丝带，照片更显唯美

3.选择有弧线的街道。拍摄夜晚车流行进的轨迹时,画面中会出现大量车灯留下的线条。这些轨迹线条与道路的线条相同,因此,在拍摄时,可以选择一些有弧线的道路,这样画面弯曲的弧线给人舒服的感觉。具体拍摄时,需要注意以下两点。

(1)俯视拍摄。平视拍摄时,由于近大远小的关系,画面中的曲线会显得不明显。所以最好可以采用俯视拍摄的手法。

(2)选择较长的曝光时间。拍摄带有弧线的街道时,由于需要拍摄的街道距离很长,长时间曝光可以使车轨显得更加连贯。

拍摄城市夜景车流时,可以选择弯曲的道路拍摄,车流也会形成大大的弧线

摄影用光之常见
后期处理方法

通常，我们使用数码相机拍摄照片，会发现照片曝光并不是很准确，经常会出现一些曝光不足、曝光过度的问题。这时候我们就需要在后期中对照片进行调整处理。

在本章，编者为大家介绍两款功能强大的后期处理软件，结合实际案例教大家软件的基本操作方法。

第**12**章

12.1 / 简单了解 Camera Raw

Photoshop 软件中的 Camera Raw，其在调色方面可以更为灵活细致地完成对照片色彩的处理。尤其是在解决照片发灰、颜色不准确以及特殊色调处理时，其可以发挥重要作用。这里我们先来简单了解一下 Camera Raw 界面名称。

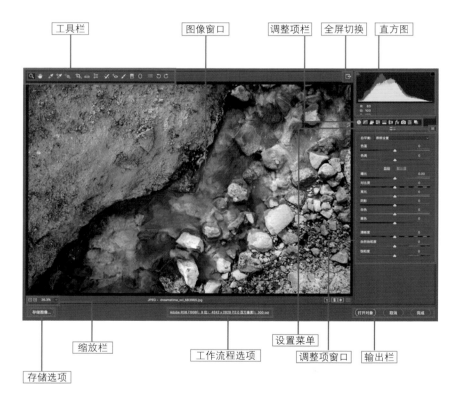

Camera Raw 有着更为简单快捷的操控性，即便是初学者，也可以很快速地将其掌握，在处理一些曝光问题时，可以借助 Camera Raw 进行处理。

需要注意的是，Photoshop 软件版本不同，Camera Raw 也略有不同，如果电脑中安装的是 Photoshop CS6 版本，需要先在官网下载 Camera Raw，安装之后才可以使用；如果电脑中安装的是 Photoshop CC 版本，此版本的 Photoshop 带有 Camera Raw，可以直接使用。

要将图像在作为Photoshop软件中的一款插件的Camera Raw的编辑界面中打开，需要提前进行一下设置。

在实际操作中，如果打开的照片存储格式是RAW文件，则无需设置，直接将图像拖拽到Photoshop工作区域，就可以将图像在Camera Raw界面中打开；如果是JPEG文件格式的图像，我们便需要对Photoshop软件进行设置，才可以在Camera Raw界面中打开图像。

具体设置过程，在Photoshop软件左上方的【Photoshop】或者【编辑】栏中，找到【首选项】，在首选项中找到【Camera Raw】，单击并打开。

软件中出现【Camera Raw首选项】界面，找到【JPEG和TIFF处理】，并将其中JPEG栏中设置为【自动打开所有受支持的JPEG】，这样就可以将JPEG图像在Camera Raw界面中打开。

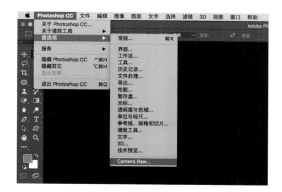

1. 在【首选项】中，找到【Camera Raw】，单击打开。

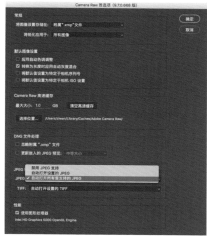

2. 在【Camera Raw首选项】界面中，找到【JPEG和TIFF处理】，并将其设置为【自动打开所有受支持的JPEG】。

12.2 / 初步了解 Adobe Photoshop Lightroom

我们常提到的Lightroom软件，其全名为Adobe Photoshop Lightroom，简称LR，这款软件在调色、调整曝光等方面有着很强的优势，我们可以借助这款软件，对照片曝光、色彩进行完美修饰。

目前，越来越多的影友，喜欢在Adobe Photoshop Lightroom中，对照片进行处理。接下来，我们简单了解一下这款软件的工作流程。

在Lightroom软件中导入照片

在习惯使用Photoshop软件之后，初次接触Lightroom软件时，很多影友都会有疑问，这款软件要怎么打开照片呢？

使用这款软件处理照片时，我们需要先将照片导入软件。具体操作时，步骤如下。

 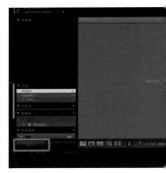

1. 单击Lightroom界面左侧下方的【导入】键。

2. 软件弹出导入设置界面，界面左上方可以选择源文件的位置，右上方可以选择照片导出时的存储位置。

3. 设置好源文件位置，选中文件夹中的照片，单击右下角的【导入】，导入照片。

4. 照片导入成功以后，导入的照片显示在 Lightroom 软件的【图库】中。

5. 如果要对照片进行处理，可以单击图库旁边的【修改照片】，软件进入照片编辑界面。

6. 在修改照片界面，可以对照片进行后期处理。在软件下方，可以看到照片栏，在此栏中，可以选择想要进行后期处理的照片。

12.3 / 纠正曝光不足照片

在实际拍摄中，我们会遇到照片曝光不足的情况。所谓曝光不足，之前章节有所解释，就是照片整体偏暗、偏黑，导致部分细节丢失，表现不清晰。我们可以借助后期软件，对此类曝光不足的作品进行调整。

原图

修图后　　　　对比调整前后效果会发现，照片曝光不足问题得到很好处理，人像皮肤曝光准确，肤色也更明亮细腻

Camera Raw 中的处理步骤

1. 将照片拖拽到 Photoshop 软件工作区，之前设置过 Camera Raw 首选项，软件自动弹出 Camera Raw 界面。

2. 调整曝光。实际调整中，我们可以调整 Camera Raw 界面右侧曝光项。具体操作：向右拖动 +0.70 的曝光拉条，提亮照片；向右拖动 +7 的对比度拉条，增加照片对比度；向左拖动 -23 的高光拉条，向左拖动 -18 的白色拉条，调暗照片中高光区域与白色区域亮度；向右拖动 +37 的阴影拉条，向右拖动 +28 的黑色拉条，提亮画面中暗部区域亮度。

3. 调整曲线。检查这张照片的直方图，可以发现直方图在左侧像素不够充实。调节时，将曲线的原点往右侧拖动，拖动到像素饱满的地方，照片随之变暗。这时，在曲线中间取点，并向上拖动，从而弥补因原点向右导致的照片偏暗。

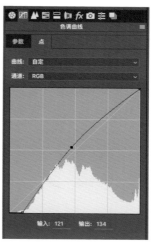

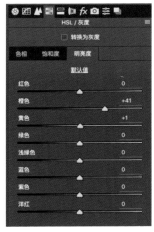

4. 使用目标调整工具调整照片局部区域明亮度。具体操作时，选中Camera Raw界面左上方目标调整工具，单击界面右侧【HSL/灰度】中的明亮度，将光标放在画面中需要调整的区域，然后按住鼠标左键，移动鼠标便可以对照片明亮度进行精准调整。

5. 观察照片，会发现照片整体偏黄，适当调整白平衡，从而让照片色彩更准确。具体调整时，向左拖动-17的色温拉条，照片色彩偏黄问题可以得到很好解决。

6. 观察照片，再次对照片中存在不足的细节进行处理。适当调整照片曝光，从而让照片整体更明亮一些。

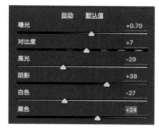

7. 单击Camera Raw界面下方【在"原图/效果图"视图之间切换】按键，可以对比查看原图与效果图。

8. 存储照片。具体存储方法有两种，我们可以直接按下Camera Raw左下角【存储图像...】进入【存储选项】设置界面；也可以按下组合键【Control+S】，进入【存储选项】设置界面。

Lightroom软件中的处理步骤

1. 将需要处理的照片导入Lightroom软件，在【修改照片】中，选中需要处理的照片。

2. 调整曝光。在Lightroom界面右侧调整项中，选中【基本】，在基本调整栏中，调整曝光。具体操作时，向右拖动+0.95的曝光度拉条，提亮照片；向右拖动+18的对比度拉条，增加照片对比度；向左拖动-29的高光拉条，调暗照片中高光区域亮度；向右拖动+39的阴影拉条，向右拖动+26的黑色色阶拉条，提亮画面中暗部区域亮度。

3. 调整曲线。检查这张照片的直方图，我们可以发现直方图在左侧像素不够充实。调节时，将曲线的原点向右侧拖动，拖动到像素饱满的地方，照片随之变暗，这时在曲线中间取点，并向上拖动，从而弥补因原点向右导致的照片发黑。

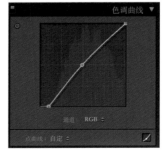

4. 在Lightroom中，在右侧参数调整项中，找到【HSL/颜色/黑白】项，选择【明亮度】，单击色相两字下方的小标记，将光标放在工作区，光标变成此标记样子，将光标放在需要调整的区域，按住鼠标左键，并向上拖动鼠标，可以提高该区域亮度。

5. 观察照片，会发现照片整体偏黄，我们可以适当调整白平衡，从而让照片色彩更准确。具体调整时，向左拖动-13的色温拉条，照片色彩偏黄问题可以得到很好解决。

6. 单击Lightroom工作区下方的【切换各种修改前和修改后视图】，对比观察照片处理前后效果。处理完成，导出照片，对照片进行存储。

在Lightroom上方菜单栏中找到【文件】，单击下拉框中的【导出...】

弹出导出界面，对照片名称、存储格式、导出位置进行设置，之后按下右下方导出，完成照片保存

12.4 / 纠正曝光过度照片

与曝光不足相反的便是曝光过度，前期拍摄的照片，如果曝光稍微有点过度，后期通过软件可以纠正过来。之所以说稍微过度，是因为，照片若是曝光严重过度，画面中会出现明显的白色区域，这些高光白色区域中细节丢失，我们很难对这些细节进行修复。这也是拍摄中提到"宁缺勿爆"的原因之一。

原图

修图后　　对曝光过度照片进行处理后，会发现，照片中许多亮部区域的细节得到更好展现，画面层次更丰富，色彩也更浓郁

Camera Raw 中的处理步骤

1. 将照片拖拽到 Photoshop 软件工作区，之前设置过 Camera Raw 首选项，软件自动弹出 Camera Raw 界面。

2. 调整曝光。实际调整中，我们可以调整 Camera Raw 界面右侧曝光项。具体操作时：向左拖动 -0.90 的曝光拉条，压暗照片；向右拖动 +18 的对比度拉条，增加照片对比度；向左拖动 -12 的阴影拉条，向左拖动 -22 的白色拉条，压暗画面中阴影区域和白色区域亮度。向右拖动 +24 的黑色拉条，提亮画面中黑暗区域细节，向右拖动 +5 的高光拉条，弥补压暗过程中导致高光区域变暗的情况。

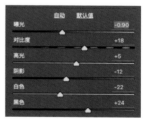

3. 使用目标调整工具调整照片局部区域明亮度。具体操作时，选中 Camera Raw 界面左上方目标调整工具，单击界面右侧【HSL/ 灰度】中的明亮度，将光标放在画面中需要调整的区域，然后按住鼠标左键，移动鼠标便可以对照片明亮度进行精准调整。

4. 调整蓝原色、绿原色、红原色的饱和度。在调整时，根据照片实际情况可以向右拖动蓝原色、绿原色、红原色饱和度，这样子就可以使照片色彩更加鲜艳。

5. 调整照片自然饱和度与饱和度。调整照片整体色彩鲜艳度，具体调整时，向右拖动+27自然饱和度拉条，向左拖动-17饱和度，这样让照片色彩更自然。

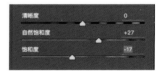

6. 单击Camera Raw界面下方【在"原图/效果图"视图之间切换】按键，可以对比查看原图与效果图。之后保存照片。

Lightroom 软件中的处理步骤

1. 将需要处理的照片导入 Lightroom 软件，在【修改照片】中，选中需要处理的照片。

2. 调整曝光。在 Lightroom 界面右侧调整项中，选中【基本】。在基本调整栏中，调整曝光。具体操作时，向左拖动 -0.80 的曝光度拉条，提亮照片；向左拖动 -29 的阴影拉条，向右拖动 -22 的黑色色阶拉条，提亮画面中暗部区域亮度。向右拖动 +4 的高光拉条，向右拖动 +15 的白色色阶拉条，避免降低曝光度时导致亮部区域变暗的情况。

3. 在 Lightroom 中，在右侧参数调整项中，找到【HSL/颜色/黑白】项，选择【明亮度】，单击色相两字下方的小标记，将光标放在工作区，光标变成此标记样子，将光标放在需要调整的区域，按住鼠标左键，并向下拖动鼠标，可以降低该区域亮度。

4. 调整蓝原色、绿原色、红原色的饱和度。在相机校准中，向右拖动蓝原色、绿原色饱和度拉条，向左拖动红原色饱和度拉条，这样可以让照片更通透，色彩自然。

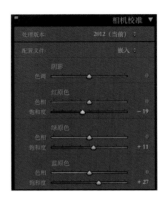

5. 调整照片鲜艳度与饱和度。在基本项中，调整照片整体色彩鲜艳度，具体调整时，向右拖动+45鲜艳度拉条，向左拖动-12饱和度，这样让照片色彩更自然。

6. 单击Lightroom工作区下方的【切换各种修改前和修改后视图】，对比观察照片处理前后效果。处理完成，导出照片，对照片进行存储。

12.5 / 为照片添加暗角让主体更突出

如果前期拍摄的照片显得比较平淡，主体不够突出，我们可以后期为照片添加暗角，让画面更有意境，同时达到突出主体的目的。具体操作时，我们可以通过多种方法进行处理。

原图

修图后　　　　为照片添加暗角以后，画面中隐隐出现明暗对比关系，主体更显突出

Camera Raw 中的处理步骤

1. 将照片拖拽到Photoshop软件
工作区，之前设置过Camera
Raw首选项，软件自动弹出Camera
Raw界面。

2. 添加暗角。

方法1：在Camera Raw界面中，单击左上方工具栏中的【径向滤镜】，调整右侧参数
栏，适当降低曝光参数，然后将光标放在动物主体上，按住鼠标左键，并移动鼠标，添加
径向滤镜，圆圈周围出现明显暗角。

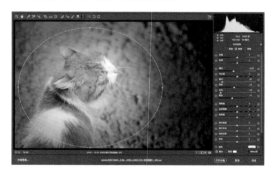

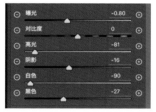

方法2：在界面左上方工具栏中，找到【渐变滤镜】，设置右侧参数，减少曝光量，
然后分别在照片四角，添加渐变滤镜，照片动物周围变暗，出现暗角。

方法3：在 Camera Raw 界面中，单击右侧【镜头校正】，向左拖动【晕影】拉条；单击【效果】，向左拖动【裁剪后晕影】，选择高光优先，向左拖动【数量】拉条，可以在画面周围制造暗角效果。

3. 存储照片。

Lightroom软件中的处理步骤

1. 将需要处理的照片导入 Lightroom 软件，在【修改照片】中，选中需要处理的照片。

2. 添加暗角。

　　方法1：在Lightroom界面中，单击左侧工具栏中的【径向滤镜】，调整下方参数栏，适当降低曝光参数，然后将光标放在动物主体上，按住鼠标左键，并移动鼠标，添加径向滤镜，圆圈周围出现明显暗角。

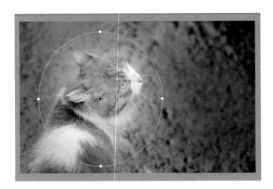

　　方法2：在Lightroom中，找到【渐变滤镜】，设置下侧参数，减少曝光量，然后分别在照片四角，添加渐变滤镜，照片动物周围变暗，出现暗角。

　　方法3：在Lightroom界面中，单击右侧【镜头校正】，向左拖动【镜头暗角】的数量拉条；单击【效果】，找到【裁剪后暗角】，样式选择【高光优先】，向左拖动【数量】拉条，可以在画面周围制造暗角效果。

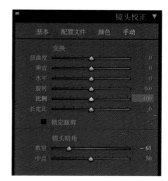

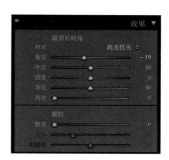

3. 单击Lightroom工作区下方的【切换各种修改前和修改后视图】，对比观察照片处理前后效果。处理完成，导出照片，对照片进行存储。

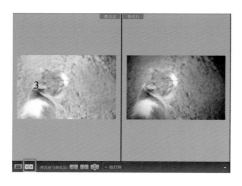

12.6 / 让灰蒙蒙的照片更通透

有时在拍摄时，由于受到自然条件的影响，例如雾天，可能会导致我们拍摄的画面不够通透。在遇到这一问题时，我们可以在后期中使画面变得更加通透和清晰。

原图

修图后   经过处理之后，照片整体更加明亮、通透，画面整体视觉效果更具吸引力

Camera Raw 中的处理步骤

1. 将照片拖拽到 Photoshop 软件工作区，之前设置过 Camera Raw 首选项，软件自动弹出 Camera Raw 界面。

2. 调整曝光。实际调整中，我们可以调整 Camera Raw 界面右侧曝光项。具体操作时：

向右拖动 +0.60 的曝光拉条，提亮照片；
向右拖动 +27 的对比度拉条，增加照片对比度；
向右拖动 +14 的高光拉条，向右拖动 +23 的白色拉条，提高照片中高光区域与白色区域亮度；
向右拖动 +9 的阴影拉条，向右拖动 +14 的黑色拉条，提亮画面中暗部区域亮度。

3. 调整蓝原色、绿原色、红原色的饱和度。在调整时，根据照片实际情况可以向右拖动蓝原色、绿原色、红原色饱和度。这样，照片整体更显通透，色彩也会鲜艳起来。

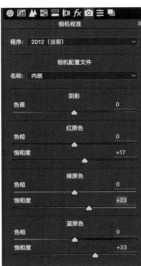

4. 观察照片，再次对照片中存在不足的细节进行处理。适当调整照片曝光，从而让照片整体更明亮一些。

5. 调整曲线。检查这张照片的直方图，我们可以发现直方图在左侧像素不够充实，调节时，将曲线的原点向右侧拖动，拖动到像素饱满的地方，照片随之变暗，这时，在曲线中间取点，并向上拖动，从而弥补因原点向右导致的照片发黑。

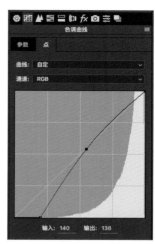

6. 单击Camera Raw界面下方【在"原图/效果图"视图之间切换】按键，可以对比查看原图与效果图。之后保存照片。

Lightroom 软件中的处理步骤

1. 将需要处理的照片导入 Lightroom软件，在【修改照片】中，选中需要处理的照片。

2. 调整曝光。在Lightroom界面右侧调整项中，选中【基本】，在基本调整栏中，调整曝光。具体操作时，向右拖动+0.45的曝光度拉条，提亮照片；向右拖动+36的对比度拉条，增加照片对比度；向右拖动+41的高光拉条，向右拖动+32的白色色阶拉条，提亮照片中高光区域与白色区域亮度；向右拖动+43的阴影拉条，向右拖动+47的黑色色阶拉条，提亮画面中暗部区域亮度。

3. 调整蓝原色、绿原色、红原色的饱和度。在调整时，根据照片实际情况可以向右拖动蓝原色、绿原色、红原色饱和度。这样，照片整体更显通透，色彩也会鲜艳起来。

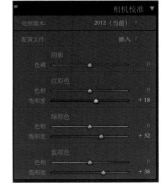

4. 观察照片，再次对照片中存在不足的细节进行处理。适当调整照片曝光，从而让照片整体更明亮一些。

5. 调整曲线。检查这张照片的直方图，我们可以发现直方图在左侧像素不够充实，调节时，将曲线的原点向右侧拖动，拖动到像素饱满的地方，照片随之变暗，这时，在曲线中间取点，并向上拖动，从而弥补因原点向右导致的照片发黑。

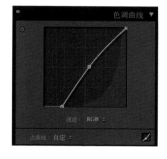

6. 单击Lightroom工作区下方的【切换各种修改前和修改后视图】，对比观察照片处理前后效果。处理完成，导出照片，对照片进行存储。

12.7 / 将包围曝光拍摄的组图合成HDR图像

在之前章节，我们提到过相机HDR功能以及包围曝光。接下来，我们便将之前拍摄的一组等差曝光补偿的照片，进行后期处理，将其合成为一张照片。

−1EV

+1EV

0EV

三张原图

合成后效果图

经过合成之后，照片中亮部区域与暗部区域细节都可以得到清晰展现

1. 在Photoshop软件上方【菜单】中，找到【文件】项，单击文件，出现下拉框，在下拉框中找到【自动】，单击并打开【合并到HDR Pro...】，软件弹出合并到HDR Pro界面。

2. 单击合并到HDR Pro界面中【浏览...】，软件弹出文件夹选项，我们可以找到需要处理的照片，并选中照片，单击【打开】，选中照片添加到合并到HDR Pro源文件界面。

3. 单击合并到HDR Pro界面右侧【确定】，软件弹出合并到HDR Pro参数调整界面，对照片界面中的参数进行调整，调整完成之后，单击界面右下方的【确定】按钮。

4. 按下组合键【Control+J】，复制图层。

5. 在Photoshop软件上方菜单栏中，单击【滤镜】软件弹出下拉框，单击【Camera Raw滤镜...】选项，软件弹出Camera Raw调整界面。

6. 调整照片曝光参数，让画面整体曝光更准确，并且使照片亮部与暗部细节都可以得到更好表现。

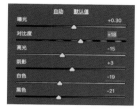

7. 调整照片自然饱和度与饱和度。调整照片整体色彩鲜艳度，具体调整时，向右拖动+20自然饱和度拉条，向左拖动-6饱和度，这样让照片色彩更自然。

8. 调整曲线。检查这张照片的直方图，我们可以发现直方图在左侧像素不够充实，调节时，将曲线的原点向右侧拖动，拖动到像素饱满的地方，照片随之变暗，这时，在曲线中间取点，并向上拖动，从而弥补因原点向右导致的照片发黑。

9. 单击Camera Raw界面右下方的【确定】，返回Photoshop界面。

10. 选中两个图层，按下组合键【Control+E】合并图层。按下组合键【Control+S】，保存照片。

单击文件中的【存储为】，保存照片

设置照片存储位置以及存储格式

设置照片存储质量

12.8 / 后期合成多重曝光效果

　　所谓多重曝光效果，简单来说，就是经过曝光多次而形成的一张有独特画面效果的照片。在胶片时代，通过一定的方法让一张胶片曝光多次，可以得到多重曝光效果。而在数码时代，将几张照片在Photoshop中叠加融合即可轻松实现多次曝光。合成多重曝光效果时，我们多会选择在Photoshop软件中进行处理，借助此软件图层功能，将几张照片叠加起来。

　　需要注意的是，后一次曝光，是在前一次曝光之后，照片中的阴影及黑暗区域上面再次曝光，因此，在后期处理时，避免照片中白色或者亮部区域出现成像。另外，多次曝光，照片本身会显得更亮，因此，在处理时需要降低每张照片的曝光补偿，从而让合成后的曝光更自然。

第一张照片

第二张照片

合成后效果图　　　可以充分发挥想象，通过后期软件，将照片合成为多重曝光效果

1. 将第一张照片拖拽到Photoshop软件工作区，软件自动打开需要处理的照片。

2. 在合成之前，对第一张照片进行去色，降低曝光处理。具体操作时，单击菜单栏中【图像】，出现下拉框，单击【调整】，选择【调整】中的【去色】，对照片进行去色处理。同样方法，单击【调整】中的【曝光度...】，软件工作区弹出【曝光度】栏，向左拖动曝光度拉条，降低照片曝光。

3. 将第二张照片拖拽到第一张照片工作区，照片以【自由变换】形式在工作区中打开。

4. 观察第一张照片，人像在画面右侧，第二张照片中的花卉在照片左侧，因此，对第二张照片进行水平翻转处理。具体操作时，将光标放在第二张照片上方，单击鼠标右键，工作区弹出对话框，单击【水平翻转】。

5. 将光标放在自由变换状况下的照片边角，将照片进行放大，让第二张照片完全覆盖第一张照片。

6. 降低第二张照片曝光度。与调节第一张照片曝光度方法相同。单击菜单栏中【图像】，出现下拉框，单击【调整】中的【曝光度...】，软件工作区弹出【曝光度】栏，向左拖动曝光度拉条，降低照片曝光。

7. 后期合成多重曝光照片时，我们会突出照片中暗部区域，让第一张照片暗部区域出现第二张照片的图像。在图层混合模式中，我们可以选择【滤色】，达到预期效果。具体操作时，选中第二张照片所在图层，在【设置图层的混合模式】中，选择【滤色】。工作区中出现多重曝光效果。

8. 检查合成后画面，选择【移动工具】，适当调节第二张照片花卉所在位置。

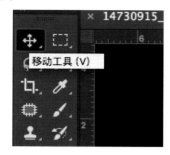

9. 后期处理的优势便在于可以对照片中不是很美观的区域进行修饰。从前期拍摄的角度来讲，到上一步，多重曝光便已经制作完成，但是在后期中，我们还可以借助软件，对照片进行修饰。

　　观察之前合成效果，会发现人像面部被黄色花朵遮盖，照片显得比较凌乱。

　　这时我们可以在软件左侧工具栏中，找到【橡皮擦工具】，选择【橡皮擦工具】，将光标放在人像面部，双击鼠标左键，将第二张照片所在图层进行栅格化，这样便可以在此图层进行处理。具体操作时，将光标放在人像面部进行擦除，从而去除遮挡人像面部的花朵。

　　需要注意的是，对第二张照片进行处理时，右侧图层面板，需要选中第二张照片所在的图层。

10. 处理完之后，合并图层。具体操作时，可以选中所有图层，按下组合键【Control+E】合并图层。

11. 存储照片。具体操作时，可以按下组合键【Control+Shift+S】保存照片，也可以在上方菜单栏中，单击【文件】，在下拉框中单击【存储为...】对照片进行保存。另外，保存过程中，可以对照片名称、存储格式、存储质量进行设置。

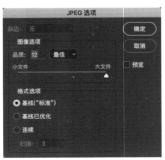